普通高等学校"十四五"规划土木专业精品教材

U0172599

房屋建筑学课程设计
（第二版）

主　编　卫　涛　何　玭　沈佳燕
副主编　张力文　钟　瑶　廖玮琪
参　编　胡　琳　刘舒雅　杨　喧

华中科技大学出版社
中国·武汉

内 容 提 要

　　本书配合房屋建筑学课程中的理论知识,讲解如何进行建筑设计的实践活动,使学生了解一般民用建筑设计的设计原理,掌握建筑设计的基本方法和步骤,培养学生综合运用所学知识来分析和解决问题的能力,让学生达到既能进行建筑方案设计和扩大初步设计,又能绘制建筑施工图的水平。本书要求学生完成一定数量的图纸,既使学生了解设计文件的深度要求,又训练学生独立绘图的能力,并提高绘图技巧,为后续毕业设计和参加工作后进行识图、制图、设计打下良好的基础。本书引入了土建行业最新的 BIM 技术,运用此技术建立了模型,说明了建筑与结构两个专业之间的关系;还加入了装配式建筑的相关内容。

　　本书内容翔实、实例丰富、结构严谨、讲解细腻,并设置了一定数量的有针对性的练习,特别适合作为高等院校中土木工程、工程管理、工程造价、建筑电气与智能化、给排水科学与工程、建筑环境与能源应用工程等本科专业,建筑工程技术、建筑电气工程技术、给排水工程技术、供热通风与空调工程技术、建设工程管理等专科专业学生的教学用书;也可供建筑设计、结构设计、设备设计、房地产开发、建筑施工、工程造价、建筑表现等相关从业人员使用。

图书在版编目(CIP)数据

房屋建筑学课程设计/卫涛,何玭,沈佳燕主编. —2 版. —武汉:华中科技大学出版社,2022.1(2024.1重印)
ISBN 978-7-5680-7663-0

Ⅰ. ①房…　Ⅱ. ①卫…　②何…　③沈…　Ⅲ. ①房屋建筑学-课程设计-高等学校-教材　Ⅳ. ①TU22-41

中国版本图书馆 CIP 数据核字(2021)第 226637 号

房屋建筑学课程设计(第二版)　　　　　　　　　　　　　　　　　　　　　　　　　　　卫　涛　何　玭　沈佳燕　主编
Fangwu Jianzhuxue Kecheng Sheji(Di-er Ban)

责任编辑:周永华
封面设计:原色设计
责任监印:朱　玢
出版发行:华中科技大学出版社(中国·武汉)　　　　电话:(027)81321913
　　　　　武汉市东湖新技术开发区华工科技园　　　　邮编:430223
录　　排:华中科技大学惠友文印中心
印　　刷:武汉市洪林印务有限公司
开　　本:787 mm×1092 mm　1/8
印　　张:14.5
字　　数:433 千字
版　　次:2024 年 1 月第 2 版第 2 次印刷
定　　价:58.00 元

主 编 简 介

卫 涛　1999 年毕业于武汉城市建设学院规建系。Autodesk 认证 Revit 讲师、城乡规划讲师、建筑工程师。国内建筑软件教学的先行者与开拓者。拥有 11 年建筑设计院一线工作经验,11 年本科高校土建相关专业一线教学经验。研究方向为基于 BIM 的设计软件在建筑专业中的发展与应用。曾经出版过 SketchUp、AutoCAD、天正建筑、PKPM、Revit、Tekla、3ds Max、V-Ray、BIM、Tekla、机电管线设计、钢结构设计、房屋建筑学和装配式建筑等方面的图书近 30 部。创办卫老师教学实验室,并制作了大量建筑、结构、给排水、电气和造价等领域高质量的教学视频。参加过卫老师远程培训的学员数以万计,不仅遍布祖国各地,而且有数百位海外学子利用便利的网络得以深造。

何 玭　中国新型建材设计研究院工程师,从事建筑方案设计、建筑施工设计、规划方案设计等相关专业的设计与研究工作。曾参与设计杭州未来社区规划方案、宁波档案馆方案、塔吉克石膏板项目等。先后参与《基于 BIM 的 Revit 建筑与结构设计案例实战》《基于 BIM 的 Revit 装配式建筑设计实战》等图书的编写。参加中国新型建材设计研究院绿色建筑小组,主要研究方向为基于 BIM 的鸿业建筑设计。

沈佳燕　1997 年 12 月出生,江苏连云港人,毕业于武汉华夏理工学院土木建筑工程学院。先后参与《建筑工程图样表示法习题集》《基于 BIM 的 Revit 建筑与结构设计案例实战》《基于 BIM 的 Revit 装配式建筑设计实战》等图书的编写。

本书配套电子资源获取方式

华中科技大学出版社官网→资源中心→建筑分社(搜索书名,在内容简介中按照提示下载本书配套电子资源)

总　　序

　　教育可理解为教书与育人。所谓教书，不外乎是教给学生科学知识、技术方法和运作技能等，教学生以安身之本。所谓育人，则要教给学生做人道理，提升学生的人文素质和科学精神，教学生以立命之本。我们教育工作者应该从中华民族振兴的历史使命出发，来从事教书与育人工作。作为教育本源之一的教材，必然要承载教书和育人的双重责任，体现两者的高度结合。

　　中国经济建设持续高速发展，国家对各类建筑人才需求日增，对高校土建类高素质人才培养提出了新的要求，从而对土建类教材建设也提出了新的要求。这套教材正是为了适应当今时代对高层次建设人才培养的需求而编写的。

　　一部好的教材应该把人文素质和科学精神的培养放在重要位置。教材不仅要从内容上体现人文素质教育和科学精神教育，而且还要从科学严谨性、法规权威性、工程技术创新性来启发和促进学生科学世界观的形成。简而言之，这套教材有以下特点。

　　一方面，从指导思想来讲，这套教材注意到"六个面向"，即面向社会需求、面向建筑实践、面向人才市场、面向教学改革、面向学生现状、面向新兴技术。

　　二方面，教材编写体系有所创新。结合具有土建类学科特色的教学理论、教学方法和教学模式，这套教材进行了许多新的教学方式的探索，如引入案例式教学、研讨式教学等。

　　三方面，这套教材适应现在教学改革发展的要求，提倡"宽口径、少学时"的人才培养模式。在教学体系、教材编写内容和数量等方面也做了相应改变，而且教学起点也可随着学生水平做相应调整。同时，在这套教材的编写过程中，特别重视人才的能力培养和基本技能培养，适应土建专业特别强调实践性的要求。

　　我们希望这套教材能有助于培养适应社会发展需要的、素质全面的新型工程建设人才。我们也相信这套教材能达到这个目标，从形式到内容都成为精品，为教师和学生，以及专业人士所喜爱。

中国工程院院士　王思敬

前　言

"建筑"一词来源于日语。随着时代的发展,这个词显得比较含糊、笼统。因为在高等院校和建筑设计院中,人们对"建筑"的理解有所不同,容易让人混淆。建筑既等于建房子,也不等于建房子。在实际的工程中,设计、施工、验收、资料等都会涉及多个专业——建筑、结构、电气、给排水、暖通等。这些专业可分为两大类:建筑类与非建筑类(非建筑类又叫土木类)。高等院校、建筑设计院的专业对照体系如表1所示。将这些专业分为建筑类与非建筑类主要是为了体现建筑专业的优势。

表 1　专业对照体系

分　类	本科专业	专科专业	对应的课程	建筑设计院的专业
建筑类	建筑学	建筑设计	建筑设计原理、建筑构造	建筑
非建筑类 (土木类)	土木工程	建筑工程技术	房屋建筑学(包括课程设计)	结构
	建筑电气与智能化	建筑电气工程技术		电气
	给排水科学与工程	给排水工程技术		给排水
	建筑环境与能源应用工程	供热通风与空调工程技术		暖通

房屋建筑学与房屋建筑学课程设计这两门课程是非建筑类专业学生仅有的可以接触到建筑专业知识的课程,其重要性不言而喻。在设计房屋时,所有专业都要绘制施工图。建筑专业的施工图叫建筑施工图(简称建施)。建施有两大特性:建设性与指导性。建施的指导性表现为可以指导其他专业进行设计与施工,而非建筑类专业的施工图只有一个特性,就是建设性。

作为非建筑类专业的必修课,房屋建筑学与房屋建筑学课程设计不仅要为学生介绍建筑专业的知识,还要引导大家建立一种在建筑专业的领导下,多专业协调的工作模式。处理好与建筑专业之间的关系,是非建筑类专业的学生在学习阶段必须掌握的,只有处理好这层关系,在日后的工作中才能避免冲突、提高效率、减少专业间的摩擦。

1. 计算机作图与手绘

在学习房屋建筑学课程设计之前,有些学生已经会使用计算机作图,如操作 AutoCAD、天正建筑等软件。那么使用计算机进行课程设计也是理所当然的,因为在建筑设计院的实际工作中也是这样的,但是从学习知识的角度,或者从锻炼设计思维这个角度来看,则不宜采用计算机作图这种方式。

手是人类在直立行走之后解放出来的,手与人类的创造力、思考力有着实际的直接联系。在作图时,要手脑互动,才能激发自身的工作潜能。手绘可以达到手脑互动,加强大脑思索。特别是在初学阶段,学生一定要通过手绘来学习建筑专业知识。

2. 纸的选择

既然要求手绘,那么就有另一个问题——用什么样的纸进行手绘。这里推荐两种纸:一是不透明的绘图纸,二是透明的拷贝纸。注意,笔者推荐的透明纸是拷贝纸而不是硫酸纸(拷贝纸与硫酸纸都

是透明的)。拷贝纸表面有褶皱,比较薄,容易划破,价格便宜;硫酸纸表面光滑,比较厚,不容易划破,且有油脂感,价格比拷贝纸贵。硫酸纸是使用打印机在其上面打出黑色线条图,然后用晒图机晒成工程蓝图,并不是用于手绘的。

在本书中,除了建筑抄绘作业、第8章多层住宅建筑施工图设计、第9章南小18班建筑施工图设计这三个练习要使用不透明的绘图纸作图,其余所有练习均应使用透明的拷贝纸作图。

在拷贝纸上,宜使用B型铅笔作图,因为太硬的铅笔容易把纸划破,太软的铅笔会把线条画得很粗,所以推荐使用B型铅笔。另外,拷贝纸是透明的,可以蒙在别的图纸上参照甚至直接复制绘图。一定要注意,推荐使用拷贝纸的目的是要蒙在自己的图纸上进行再次作图,而不是蒙在别人的图纸上去照搬、照抄。因为设计是一个反复的过程,自己在设计过程中不满意,不要用橡皮去擦拭,而要用拷贝纸蒙在这张图纸上,参照这个已有的设计进行改动或变动。一个设计方案做下来,可能会使用很多张拷贝纸,使用纸张的多少也能从侧面说明这个设计的深度与质量。

3. 本书配套电子资源获取方式与使用方法

为了方便读者高效学习,本书特提供以下配套电子资源:
①DWG 格式的两套多层住宅建筑施工图;
②DWG 格式的两套高层住宅建筑施工图;
③DWG 格式的两套南方小学教学楼的建筑施工图。

这些配套电子资源可以按照书中提示的方式下载。下载后请自行解压,然后可以存入电脑或手机。

在学习房屋建筑学课程设计时,笔者要求学生将这些配套资源全部存入手机,从手机端浏览文件。PDF 格式是常用格式,一般的手机都有相应程序可以打开。DWG 格式的文件笔者推荐使用"CAD 快速看图"程序打开,这个程序不仅有 Android 版,还有 iOS 版。学生在学习房屋建筑学课程设计的过程中,需要查看图集、参阅成熟的建筑施工图时,直接用手机浏览相应文件即可。

4. 以对生活的理解去讲课

笔者将土建类(即建筑类加上非建筑类)专业老师讲课的方式分为三种:以对教材的理解去讲课、以对实际工程的理解去讲课、以对生活的理解去讲课。

刚刚从事教育工作的老师,他们在上课时只能"以对教材的理解去讲课",这样讲课可以避免出错,但是在讲台上的讲授会很干涩、僵硬,没有扩展知识。阅历尚浅的他们除了教材上的内容,实在是没有什么可以讲的。

还有一些老师,他们有着在设计院、建筑工程公司、建设集团等单位的实际工作经验,属于双师型老师。这一类老师在上课时,除了讲书本知识,还可以讲自己的工作经历,即"以对实际工程的理解去讲课"。他们讲授的内容就丰富多了,除了教材知识,还可以加入一些自己的工作境遇、实际工作的小技巧、现场趣闻等,这样可以扩展学生的知识面。

而笔者是"以对生活的理解去讲课"。乍一听感觉比较"虚",其实这是长期思索讲课方式和方法自然得到的结果。举个例子,原来医院住院部的设计采用单内廊式布局,现在改用双内廊式布局(即室内由两条平行的内廊组织空间)。双内廊从表面上看,每层增加了一个内廊,造成空间上巨大的浪费。但是为什么现在新增的住院部都采用这样的方式呢?笔者百思不解,直到 2017 年 6 月,在照料

家人住院时(这是人生中唯——一次开心地进医院),深入观察了双内廊的住院部。图中看与现场看不一样;开心看与焦虑看不一样;走马观花看与住在其中看不一样。双内廊确实不一样,由于扩大了交通空间,相对而行的两张手术床可以同时在一层中移动而互不干扰;护士站由原来的面对病房方向改成垂直于病房方向,这样可以服务更多的病房;在消防设计上,可以就近设置更多的疏散通道。当笔者再次走上讲台介绍双内廊式布局时,这样的经历就能让学生快速领会其优点了。"以对生活的理解去讲课"可以将比较难理解的问题简单化、通俗化,讲课就是要把复杂的内容简单化。如何简单化,笔者提出了这个思路,并将这个思路引入本书,请读者朋友参阅。

5. BIM 技术进入教学

土建行业发展的趋势之一是 BIM 技术的普及,而且是全专业的铺开。房屋建筑学与房屋建筑学课程设计是非建筑类专业的学生仅有的接触建筑专业知识的课程,因此必须介绍。受图书篇幅及教学阶段的限制(一般本课程都在低年级设置),本书只介绍了运用 BIM 技术建立结构模型,并用模型说明建筑专业与结构专业之间的关系,展示了 BIM 模型的两大优势,即三维可视性与自带工程量。如果想进一步学习,请参看其他相关书籍。

6. 装配式建筑教学初探

近几年,装配式建筑顺应时代的要求,在建筑领域迅速发展。教学要贴近市场,因此笔者在教材中介绍了装配式建筑,以普及型、概论型、引入型的内容为主,起抛砖引玉的作用。本书介绍了装配式建筑的分类、特点、计算,同样也讲解了两类特殊的装配式建筑,即集装箱式建筑与模块化建筑,并以一个大平层为例,说明一般实战的流程。

7. 附录中的图纸

附录中一共收录了 32 张 8 开的大图,供读者朋友们参阅。这些图纸有的是本书中正文的配图,有的是本书中作业的配图,有的是本书中作业参考答案的配图。具体内容如表 2 所示。

表 2　附录中的图纸

编号	附图	章	项目名称	类 别	页 码	对应文中的页码
1	附图1	1	某一层公共卫生间	一层平面图	71	6
2	附图2			立面图	72	
3	附图3			门窗表、做法	73	
4	附图4			屋顶平面图、剖面图	74	
5	附图5			大样图	75	
6	附图6	2	某高层住宅	中间层平面图	76	8
7	附图7		—	某卫生间大样图	77	9
8	附图8		某长途汽车客运站	一层平面图	78	10
9	附图9			二层平面图	79	
10	附图10			三层平面图	80	
11	附图11	3	某高层住宅	楼梯间剖面大样图	81	25

续表

编号	附图	章	项目名称	类 别	页 码	对应文中的页码
12	附图12	4	某别墅	一层平面图	82	33
13	附图13			二层平面图	83	
14	附图14			屋顶平面图	84	
15	附图15			正立面图	85	
16	附图16			侧立面图	86	
17	附图17			剖面图	87	
18	附图18			楼梯间大样图	88	
19	附图19			卫生间大样图	89	
20	附图20	5	某小区	总平面布置图	90	37
21	附图21	7	某高层住宅	标准层方案图	91	56
22	附图22		某高层住宅	疏散楼梯设计	92	
23	附图23		板式楼	标准层方案图	93	
24	附图24		塔式楼	标准层方案图	94	
25	附图25	8	某南方多层住宅	首层平面图	95	57
26	附图26			二~七层平面图	96	
27	附图27			屋顶平面图	97	
28	附图28			剖面图	98	
29	附图29			正立面图	99	
30	附图30			侧立面图	100	
31	附图31			大样图	101	
32	附图32	9	南小18班	一层平面图	102	60
33	附图33			二层平面图	103	
34	附图34			三、四层平面图	104	
35	附图35			立面图、剖面图	105	
36	附图36	10	某高层装配式住宅楼	标准层户型方案设计图	106	70
37	附图37			装配式外墙板设计图	107	
38	附图38		大平层	户型平面图	108	

本书由卫涛、何批、沈佳燕担任主编,由武汉华夏理工学院张力文、湖南工程学院钟瑶、湖南城建职业技术学院廖玮琪担任副主编,由武汉华夏理工学院胡琳、刘舒雅、杨喧领衔参编。其他参加编写的人员还有金伟音、廖晋方、张家铄、蒯冠如、余子健、徐振、曾攀宇、徐玮鸿、殷伟清、张旭涛、付京源、汪佳伟、王振、段愿、叶文杰、何显睿、蒋林恩、周传棋、李柯严、雷杭菲、蔡雅然、熊靓、余梦雪、王希成、范楚枫、吴宛祯、周雨晴、张婷婷、余欣、罗郁洁、周圣杰、黄俊喆、李行行、彭炯伦、李乐晗、陈日裔、张旭、吕帅锋、熊志伟、吴俊杰、蔡童、杜忠文、谭梓豪、曹逸阳、付先威、刘建瓯、向建升、陈志豪、胡舞、谢紫涵、王培悦、汤梦婷、余欣灵、胡倩、陈蕊、朱袁媛、姚明瑶、韩淑慧、刘晓霜、王佳怡、陈思涵等。

本书在编写的过程中参阅了同行的多部著作,部分高等院校的老师提出了很多宝贵的意见,在此表示诚挚的谢意!还要感谢出版社的编辑在本书的策划、编写与统稿中给予的帮助!

虽然我们尽量核实了本书中所述的内容,并多次进行文字校对,但因时间所限,书中可能还存在疏漏和不足之处,恳请读者批评指正。

卫 涛
于武汉光谷

目　　录

第 1 章　建筑专业的绘图 ……………………………………………………………………（1）

　1.1　剖切视口与图纸的关系 ………………………………………………………………（1）

　　1.1.1　剖面图 …………………………………………………………………………………（1）

　　1.1.2　平面图 …………………………………………………………………………………（2）

　1.2　图纸 ……………………………………………………………………………………（4）

　　1.2.1　比例 ……………………………………………………………………………………（4）

　　1.2.2　图集 ……………………………………………………………………………………（5）

　　1.2.3　符号标注 ………………………………………………………………………………（5）

　　1.2.4　作业　建筑抄绘 ……………………………………………………………………（6）

　　1.2.5　作业　根据三维透视图绘制建筑平面图 …………………………………………（6）

第 2 章　建筑平面设计 ………………………………………………………………………（7）

　2.1　房间布置 ………………………………………………………………………………（7）

　　2.1.1　家具布置 ………………………………………………………………………………（7）

　　2.1.2　厨房布置 ………………………………………………………………………………（7）

　　2.1.3　作业　绘制住宅户型放大平面图 …………………………………………………（8）

　　2.1.4　卫生间布置 ……………………………………………………………………………（8）

　　2.1.5　作业　公共卫生间布置 ……………………………………………………………（10）

　2.2　平面图设计 ……………………………………………………………………………（10）

　　2.2.1　矩形教室设计 ………………………………………………………………………（10）

　　2.2.2　别墅设计 ……………………………………………………………………………（12）

第 3 章　剖面设计 ……………………………………………………………………………（14）

　3.1　楼梯间的剖面设计 ……………………………………………………………………（14）

　　3.1.1　双跑楼梯间 …………………………………………………………………………（14）

　　3.1.2　剪刀楼梯间 …………………………………………………………………………（15）

　3.2　建筑的剖面设计 ………………………………………………………………………（16）

　　3.2.1　分析已知的图纸 ……………………………………………………………………（16）

　　3.2.2　绘制 3—3 剖面图 ……………………………………………………………………（17）

　　3.2.3　作业　游泳馆剖面设计 ……………………………………………………………（22）

　　3.2.4　作业　抄绘楼梯间剖面图 …………………………………………………………（25）

第 4 章　建筑体型和立面设计 ………………………………………………………………（26）

　4.1　立面深化设计 …………………………………………………………………………（26）

　　4.1.1　外檐门窗及屋顶的设计 ……………………………………………………………（26）

　　4.1.2　立面细部的设计 ……………………………………………………………………（26）

　　4.1.3　作业　绘制立面图 …………………………………………………………………（28）

　4.2　门窗立面详图 …………………………………………………………………………（30）

　　4.2.1　门大样图 ……………………………………………………………………………（30）

　　4.2.2　窗大样图 ……………………………………………………………………………（31）

　　4.2.3　门连窗大样图 ………………………………………………………………………（31）

　　4.2.4　幕墙大样图 …………………………………………………………………………（32）

　　4.2.5　门窗表 ………………………………………………………………………………（32）

　　4.2.6　作业　绘制门窗大样图 ……………………………………………………………（33）

第 5 章　建筑在总平面中的布置 ……………………………………………………………（34）

　5.1　停车场设计 ……………………………………………………………………………（34）

　　5.1.1　设计任务 ……………………………………………………………………………（34）

　　5.1.2　设计思路 ……………………………………………………………………………（34）

　　5.1.3　作业　停车场设计 …………………………………………………………………（35）

　5.2　总平面布置 ……………………………………………………………………………（35）

　　5.2.1　设计任务 ……………………………………………………………………………（36）

　　5.2.2　设计思路 ……………………………………………………………………………（36）

5.2.3　计算与作图 ·· (37)

5.2.4　作业　总平面设计 ··· (38)

5.3　总平面断面设计 ·· (38)

5.3.1　设计任务 ·· (38)

5.3.2　设计思路 ·· (38)

5.3.3　作业　总平面断面设计 ·· (39)

第6章　结　构　设　计 ·· (40)

6.1　结构布置 ·· (40)

6.1.1　布置框架柱 ··· (40)

6.1.2　布置梁 ·· (40)

6.1.3　布置基础及基础梁 ·· (41)

6.2　绘制结构设计图 ·· (42)

6.2.1　绘制柱定位平面图 ·· (42)

6.2.2　绘制梁平面图 ··· (43)

6.2.3　绘制基础及基础梁平面图 ··· (44)

6.2.4　使用BIM技术生成结构三维模型 ·· (44)

6.2.5　作业　框架结构设计 ·· (48)

第7章　高层建筑方案设计 ·· (51)

7.1　设计条件 ·· (51)

7.1.1　任务书 ·· (51)

7.1.2　建筑组成及要求 ·· (51)

7.2　设计过程 ·· (51)

7.2.1　核心筒设计 ··· (52)

7.2.2　两室一厅一厨一卫设计 ·· (52)

7.2.3　三室两厅一厨两卫设计 ·· (54)

7.2.4　完善方案 ·· (56)

7.2.5　设计双跑楼梯作为疏散楼梯 ·· (56)

7.2.6　板式楼与塔式楼 ·· (56)

第8章　多层住宅建筑施工图设计 ·· (57)

8.1　设计任务 ·· (57)

8.1.1　设计条件 ·· (57)

8.1.2　设计完成工程量要求 ·· (57)

8.2　设计指导 ·· (57)

8.2.1　建筑方案设计 ··· (58)

8.2.2　施工图设计 ··· (59)

第9章　南小18班建筑施工图设计 ·· (60)

9.1　设计任务 ·· (60)

9.1.1　设计内容 ·· (60)

9.1.2　设计条件 ·· (60)

9.1.3　建筑组成 ·· (61)

9.1.4　设计完成工程量要求 ·· (61)

9.2　设计指导 ·· (62)

9.2.1　总平面设计 ··· (62)

9.2.2　建筑设计 ·· (63)

第10章　装配式建筑 ··· (65)

10.1　装配式建筑概述 ··· (65)

10.1.1　装配式建筑的分类 ·· (65)

10.1.2　装配式建筑的特点 ·· (66)

10.1.3　装配式建筑的核心参数 ··· (67)

10.1.4　单类别构件重复率 ·· (67)

10.2　两种特殊的装配式建筑 ·· (68)

10.2.1　集装箱式建筑 ·· (68)

10.2.2　模块化建筑 ··· (69)

10.2.3　模块化建筑设计实战——大平层 ··· (70)

附录 ··· (71)

第 1 章　建筑专业的绘图

建筑专业图纸具有双重功效:建设性与指导性。除了可据其进行建设施工,还能指导其他专业,如结构、给排水、电气、暖通等。因此,建筑专业图纸在绘制与表达上的复杂程度不是其他专业图纸能够相比的。

本章主要介绍建筑专业绘图的一般知识,要从为什么要这样绘图、这样的图需要表达什么内容、怎么样去绘制这样的图三个方面去学习。

1.1　剖切视口与图纸的关系

因为建筑物是一个整体,所以按照三视图原则绘制的图纸是看不到建筑内部的。看不到建筑的内部,建筑的很多构件就无法表达清楚。因此就需要将建筑物"切开","切开"之后就可以看到其内部的构件了,这就是本节中涉及的建筑剖切。

1.1.1　剖面图

剖面图是按照一定剖切方向来展示建筑物构造的图纸。剖面图纸的绘制比较难,因此建筑设计院的招聘考试、建筑制图竞赛经常会出绘制剖面图的题目。在学习时,一定要掌握其原理,要知其然更要知其所以然,否则建筑形式一变化,就不知道怎么去绘图了。

本小节只讲述剖切的基本原理,并介绍一些剖切的实例,具体剖面图的规范绘制方法将在本书第 3 章中详细说明。

(1) 剖切面。因为建筑物外墙具有密封性,所以从外面是看不到建筑内部的。而建筑物内部的构造又必须表达出来,这时就需要使用一个虚拟的平面去"切开"建筑,将建筑一分为二,去掉一半,观看另一半。这个虚拟的平面就是剖切面。图 1-1 是准备剖切的建筑,而图 1-2 是用剖切面"切开"后保留下的一半建筑,这时可以清晰地观察到建筑内部的相关信息。

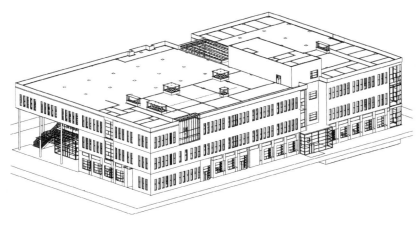

图 1-1　准备剖切的建筑

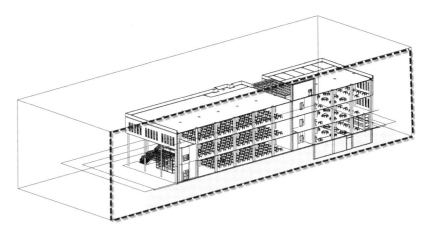

图 1-2　"切开"建筑

(2) 剖切符号。剖切符号由两个部分组成,即两根长一点的粗线(①处),两根短一点的粗线(②处),且两者垂直相交,如图 1-3 所示。①为剖切面的位置,②为观看方向(注意③处所示的箭头就是观看方向)。

(3) 剖面图与断面图。还有一种符号就是断面符号,如图 1-4 所示。与剖面符号相比,断面符号只标识剖切面的位置,而不标识观看方向。剖面图与断面图的区别如表 1-1 所示。

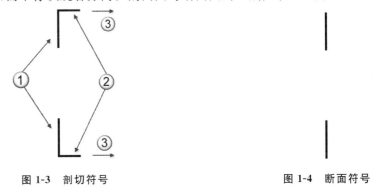

图 1-3　剖切符号　　　　　　**图 1-4　断面符号**

表 1-1　剖面图与断面图

图　形	绘制与剖切面相交的构件	绘制剖切建筑后观看的内容
剖面图	√	√
断面图	√	

▶**注意**:读者要根据上面介绍的原理,在实际工作中根据建筑构件的特点去选择绘制剖面图或断面图。

(4) 剖面图、断面图实例。一个没有顶的小盒子,盒壁与底部都有一定的厚度,在其中一个壁上挖了一个矩形的洞,如图 1-5 所示。下面对其进行剖面图、断面图的绘制,以表达这个小盒子的内部构造,同时进一步说明剖面图、断面图的区别。

在小盒子的平面图上标注 1—1 剖面符号,如图 1-6 所示;标注 2—2 断面符号,如图 1-7 所示。绘制剖面图、断面图的第一步,就是要在平面图中放置剖面、断面符号,选择剖切面的位置。

在图中使用▨▨▨表示小盒子被剖切面剖切到的位置,1—1 剖面图如图 1-8 所示,2—2 断面图如图 1-9 所示。1—1 剖面图比 2—2 断面图多的就是观看到的内容(因为剖切部分完全一样):一是上口的一根看线,二是带镂空符号的洞口轮廓线。

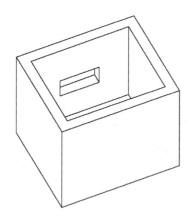

图 1-5　小盒子的三维透视图

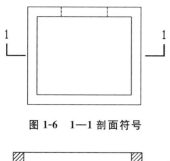

图 1-6　1—1 剖面符号

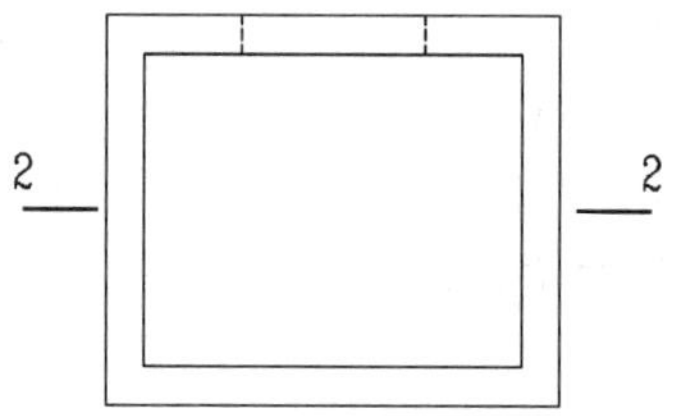

图 1-7　2—2 断面符号

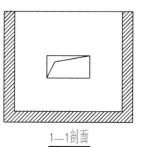

1—1剖面

图 1-8　1—1 剖面图

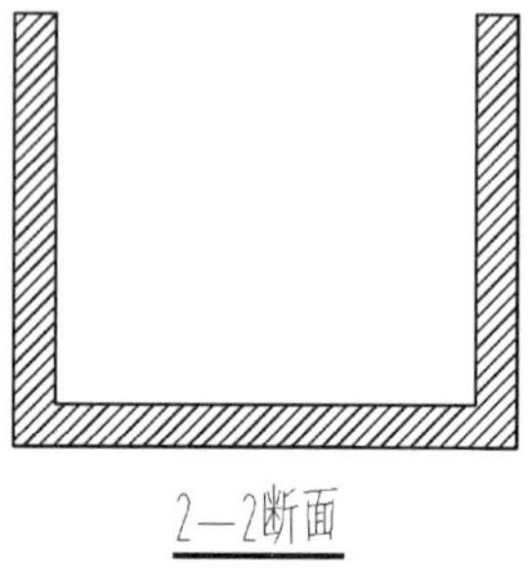

2—2断面

图 1-9　2—2 断面图

（5）小作业。一个有四条腿的方桌,在桌面上开了一个圆洞,并在桌面上用三块板遮挡住了圆洞,如图1-10所示。不需要设计尺寸,请使用平面图、立面图、剖面图或断面图等平行视图来表示这个桌子,注意洞口的表达是关键。

图 1-10　剖断面小作业

1.1.2　平面图

按照三视图的原则,在平面图中是看不到建筑内部的,而只能看到建筑的屋顶。要从水平方向上看建筑物内部构件,还是要通过剖面图。所以建筑专业的平面图是一种带剖平面图,只不过剖切视口方向是水平方向而已。下面将为读者介绍如何生成这种带剖平面图,其中

最关键的是剖切面高度的选择,如果掌握不好,就无法使用正确的平面图去表达设计意图。

（1）平面图中的疑惑。如图 1-11 所示为某六层框架式住宅楼中间层平面图,在这里笔者先提出一些问题,供读者思考。①窗 C1815(①处)为什么用 4 根细线表示?②高窗 GC0609(②处)为什么用 2 根墙内虚线表示?③墙体(③处)为什么用 2 根粗线表示?④柱子(④处)为什么要填黑?⑤向上的一跑楼梯(⑤处)为什么有剖断线?⑥双跑楼梯之间休息平台的标高 X(⑥处)是多少?⑦阳台(⑦处)为什么用 2 根细线表示?

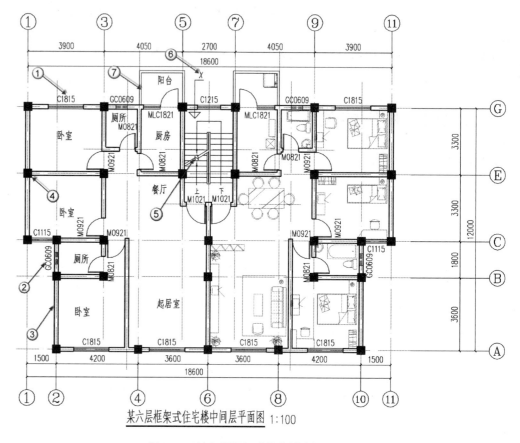

某六层框架式住宅楼中间层平面图 1:100

图 1-11　某六层框架式住宅楼中间层平面图

只有理解了平面图中剖切面高度选取的原则,才能得出以上 7 个问题的答案。只有理解了这 7 个问题的答案,才能正确使用建筑专业的平面图去表达自己的设计思路。

（2）三维透视效果。为了方便读者理解这些问题,笔者制作了相应的三维模型,如图 1-12 所示。其中①②③④⑤⑦与前面含义一致,没有⑥的原因将在后面介绍。

（3）剖切面的高度。这是理解平面图的要点之一,否则就只能看图而不能画图。剖切面的高度并没有明确的数值上的规定,一般要求其超过普通窗的窗台高,但比双跑楼梯的第一跑低就可以了,所以在这里笔者取了 1200 mm 的高度,如图 1-13 所示。普通窗的窗台高因为安全的原因,取值一般在 900~1100 mm,所以剖切面高 1200 mm 肯定能超过窗台高。

切换到三维透视图,可以观察到 1200 mm 高的剖切面与建筑相交的详细情况,如图 1-14 所示。注意理解平面图是用剖切面切开后,上面的部分不要(下面的部分保留),自上向下看,如图 1-15 所示。

（4）回答①~⑦的问题。

①窗 C1815 被切开后,用 2 根外侧的细线表示窗台的看线,用 2 根内侧的细线表示窗的平面投

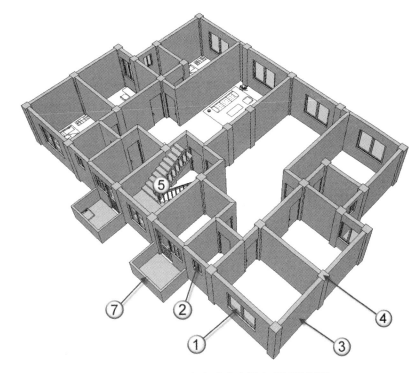

图 1-12　某六层框架式住宅楼中间层透视图

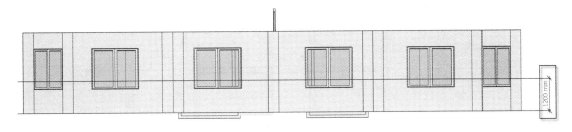

图 1-13　剖切面的高度

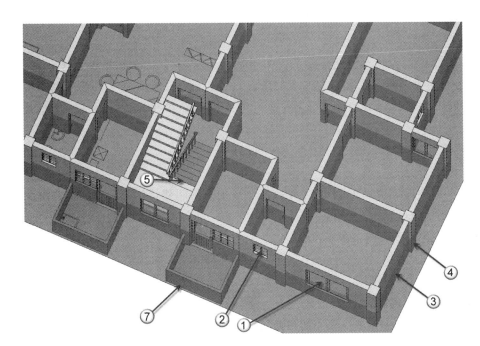

图 1-14　剖切面与建筑相交

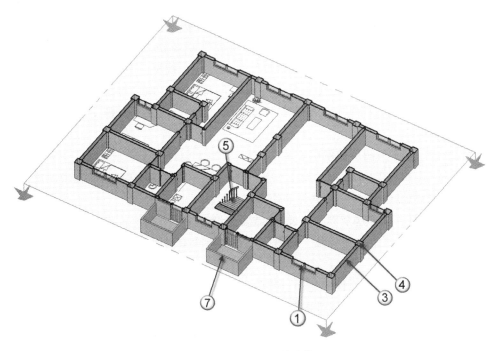

图 1-15　剖切之后的建筑

影线。

②由于剖切面高度是 1200 mm，而高窗窗台高度是 1800 mm，所以剖切面根本切不到高窗 GC0609。而又必须在平面图中表示高窗，因此用墙中的 2 根虚线来表示高窗。

③剖切面与墙体相交。本例选用框架结构，墙体均为不承重的填充墙，因此用 2 根粗线来表示墙体。

④剖切面与柱子相交。因为柱子的材料是钢筋混凝土，在比例为 1∶100 的图纸中通过完全填黑表示。

⑤楼梯间的一跑与剖切面相交，因此双跑楼梯一跑处有剖断线。

⑥双跑楼梯之间休息平台的标高 X 比较难理解。楼梯被剖切面切断后上半部分去掉了，怎么还有休息平台？注意，这个休息平台是下一层的。这是中间层平面图，楼下还有楼梯，楼梯会贯穿所有建筑楼层，从一层一直到顶层。

⑦为了防止雨水倒灌，阳台要比室内低 50～100 mm，而阳台的栏杆、栏板一般高 1100 mm，所以其高度肯定比剖切面低。就是因为剖切面没有切到阳台，所以用 2 根细线表示阳台栏杆、栏板的轮廓线。阳台的范围就是用这样的轮廓线来表示的。

1.2 图纸

1.1 节主要介绍了为什么要这样绘图。本节将介绍建筑专业图需要表达什么内容、怎样去绘制建筑专业图等相关内容。图是建筑专业的语言,识图、制图是建筑专业人员的基本功。在初学阶段,还达不到用图去表达设计意图的水平,这时可以去做一些建筑抄绘练习,看看别人是如何绘图的。

1.2.1 比例

建筑专业图纸中的比例以 1∶100 为界,大于 1∶100 的叫建详(即建筑详图,也称大样图),小于等于 1∶100 的叫建施(即建筑施工图)。

(1) 字高。不管图纸比例怎么变,字体的大小(一般用字高去控制字体大小)保持不变。常用的有 7 号字(字高 7 mm)、5 号字(字高 5 mm)、3 号字(字高 3.5 mm)。如图 1-16 所示,图名、表名用 7 号字(见⑦处),轴号、指北针、比例用 5 号字(见⑤处),其余一律使用 3 号字。字体为长仿宋字,中文、数字、英文的高度一致、比例协调。

➤ 注意:这里着重介绍了字体大小的问题,因为不论比例怎么变,在图纸上字体大小都按照要求设为 7 号、5 号、3 号字,字高是不变的,要变的只是图形的大小。

(2) 200 mm 厚加气混凝土砌块的比例。在这里选择使用 200 mm 厚加气混凝土砌块作为示例,是为了说明建筑图纸中图形比例的问题。下面将在图纸上用不同比例绘制这个构件。只有将这一点学习清楚,才能理解图形比例的绘制原理。建筑图纸中的砌块墙体用两根平行的线宽为 0.5 mm 的粗线表示,这两根粗线的间距在比例为 1∶100 的情况下是 2 mm,在比例为 1∶200 的情况下是 1 mm,在比例为 1∶500 的情况下是 0.4 mm,如图 1-17 所示。线宽 0.5 mm、间距 0.4 mm,在图纸中根本无法表达,所以用"?"表示。实际上线宽 0.5 mm、间距 1 mm,就已经有问题了,因为有些打印机分辨率不高,这两根线无法在图纸中正确表达。间距为 0.4 mm 和 1 mm 都属于比例较小时,图纸中看不清楚图形的状况。

(3) 比例较小时,看不清图形的解决方法。

一是加大比例,比如从 1∶150 加大到 1∶100。但这样操作也有个弊病,即在增加比例的同时,图幅也会增长。如果图幅已经是 A0 了,就无法使用这个方法。

二是使用文字说明。就拿这个例子来说,只需要在设计说明中加上这样一句话就行了:图中所有填充墙均为 200 mm 厚加气混凝土砌块。图看不清楚也就没有关系了,因为文字已经说明了,而且文字的高度是固定不变的。

三是增加图,主要是增加大比例的建详。哪些位置因比例较小图看不清楚,就增加这些位置的大样图。因为这些增加的图纸不是全局性图纸,所以叫作节点图,主要表示建筑细部。

(4) 建施。建施的比例为 1∶150~1∶100。平面图比例一般为 1∶100,高层建筑的立面图、剖面图比例可以减少到 1∶150。但一般不要出现 1∶200 的比例,因为在这种情况下,图形缩得比较小,会出现文字与图形抢位置的情况,如图 1-18 所示,这种图纸无法看清的情况,一定要避免。

(5) 建详。在平面放大图中,比例为 1∶50,如标准层平面放大图、卫生间放大图、核心筒放大平面等。在剖断面详图中,比例为 1∶30~1∶10,如墙身大样图、檐口大样图等。

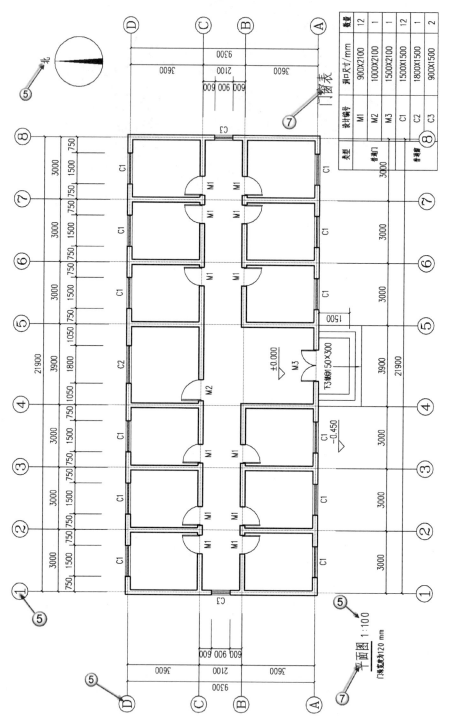

类型	设计编号	洞口尺寸/mm	数量
普通门	M1	900X2100	12
	M2	1000X2100	1
	M3	1500X2100	1
普通窗	C1	1500X1500	12
	C2	1800X1500	1
	C3	900X1500	2

平面图 1∶100

门(窗)高为120 mm

图 1-16 字体高度

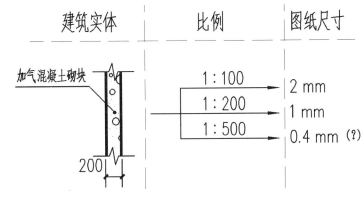

图 1-17 比例示意图

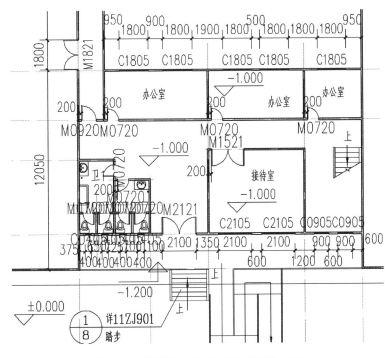

图 1-18 比例过小时,文字与图形抢位置

1.2.2 图集

为了顺应国家建筑标准设计要求,住房和城乡建设部与各省住房和城乡建设厅相应推出建筑、结构、给排水、电气、暖通等专业的图集。建筑标准设计是工程建设标准化的重要组成部分,是工程建设标准化的一项重要基础性工作,图集则是建筑工程领域重要的通用技术文件。

图集内容应切合住宅建筑发展的需要,在符合国家相关规范、规程、标准的基础上结合近年来新材料、新技术、新工艺的发展,为建筑设计、施工、监理提供更多的技术资料。

在这里以"05SJ810-1"来说明图集编号的意义,如图 1-19 所示。

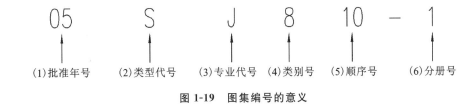

图 1-19 图集编号的意义

(1)"05"为批准年号。

(2)"S"为类型代号。其中,S 代表试用,C 代表参考,如果没有这一项,则代表是标准图集。

(3)"J"为专业代号。J 代表建筑,G 代表结构,S 代表给排水,K 代表暖通,R 代表动力,D 代表电气,X 代表弱电。

(4)"8"为类别号。0 代表总图及室外工程,1 代表墙体,2 代表屋面,3 代表楼地面,4 代表楼梯,5 代表装修,6 代表门窗及天窗,8 代表设计图示,9 代表综合项目。

(5)"10"为顺序号。

(6)"1"为分册号。

国家标准图集简称国标图集,是全国范围内通用的图集。地方标准图集中最常见的是大区图集,如中南地区的中南标图集、华东地区的华东标图集,这些图集只是在大区范围内使用。在这两类图集的选用中,并不是以选用国标图集为主,而是以选用地方标准图集为主。例如,屋面防水隔热层的构造做法,如果是依据国标图集的要求,那必须能在全国范围内使用。而使用地方图集的构造做法不仅能突显地域特色,更重要的是可以节省建筑材料、降低建设成本。

1.2.3 符号标注

在建筑专业的图纸中有一系列的符号,用这些符号进行的标注叫符号标注。表 1-2 是常见的符号标注汇总表,不仅列举了常见符号的样式,还给出了符号的相关尺寸,供读者在绘图时参阅。

表 1-2 符号标注汇总表

名 称	符 号 样 式	符 号 尺 寸
标高	±0.000	±0.000
引线标高	H-0.030	同上
室外标高	23.580	同上

续表

名 称	符 号 样 式	符 号 尺 寸
剖切索引	详见中南标 ① 98ZJ513 20	5 10 详见中南标 ① 98ZJ513 20
索引图名	① 1:20	14 ① 1:20
剖面剖切	1 1 1 1	10 6 1 1 1 1
对称符号		3 4 4
指北针	北	北 3 24
做法标注	C20细石混凝土板 2厚自粘聚酯胎改性沥青防水卷材 素水泥浆黏结层 20厚1:2.5水泥砂浆找平层 钢筋混凝土屋面板,表面扫干净	6 6 6 6 C20细石混凝土板 2厚自粘聚酯胎改性沥青防水卷材 素水泥浆黏结层 20厚1:2.5水泥砂浆找平层 钢筋混凝土屋面板,表面扫干净
轴号	Ⓐ	Ⓐ 8
折断线	∿	3 30 4

1.2.4 作业 建筑抄绘

附图 1～附图 5 是某一层公共卫生间的建筑施工图。请使用不透明绘图纸、铅笔等抄绘这套图纸,通过抄绘学习设计者的表达方式,并理解其设计意图。

1.2.5 作业 根据三维透视图绘制建筑平面图

已知某宾馆一层三维透视图(两个方向),如图 1-20、图 1-21 所示。一层建筑标高为±0.000,室

外地坪标高为－0.450,二层建筑标高为 3.000。选用标高为 1.200 的水平虚拟平面对一层进行剖切,切开建筑后上部去掉,观看保留的下部,如图 1-22 所示。请使用拷贝纸、铅笔等作图工具,绘制出这个宾馆的一层平面图,比例为 1：100。楼梯为双跑等跑楼梯,踏步宽为 300 mm,踏步高为 150 mm。门窗尺寸自定。

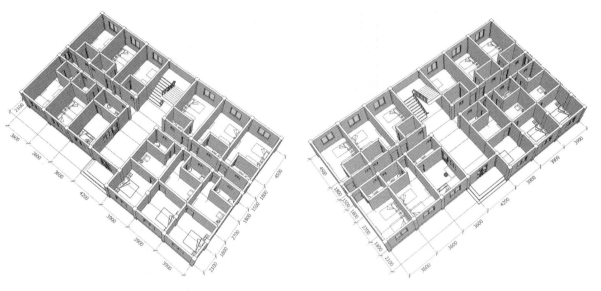

图 1-20 某宾馆一层三维透视图(1)　　图 1-21 某宾馆一层三维透视图(2)

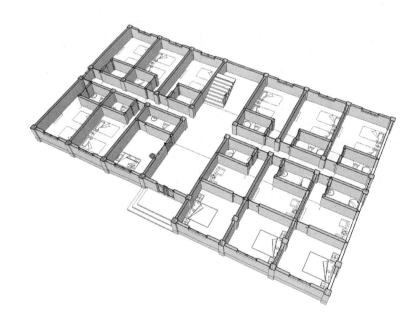

图 1-22 某宾馆一层剖切之后的建筑

第 2 章　建筑平面设计

　　建筑平面设计包含单个房间的平面设计和平面组合设计。单个房间的平面设计是在整体建筑功能已经设计合理的情况下,确定房间的面积、形状、尺寸以及门窗的大小和位置。平面组合设计是根据各类建筑功能要求,抓住主要使用房间、辅助使用房间、交通联系部分的相互关系,结合基础环境及其他条件,采取不同的组合方式将各个单元合理组合起来。

　　建筑平面设计所涉及的因素很多,如房间的特征及其相互关系,建筑结构及其布局、建筑材料、施工技术、工程造价以及建筑造型等方面的因素。因此,平面设计实际上就是研究解决建筑功能、建筑技术、建筑经济等问题。

2.1　房间布置

　　住宅一向受到人们的关注。住宅面积过大,浪费国土资源;面积过小,影响到人们的生活质量。我国住房和城乡建设部先后多次发文要求对住宅面积进行控制。本节将介绍房间的一般布置方法。通过对房间的布置,主要是家具、厨洁具的布置,可以检测建筑师对房间的面积、开间、进深等设计的合理性。

2.1.1　家具布置

　　很多读者认为建筑施工图是不用布置家具的,因为土建工程完成之后,商品房中是没有家具的。这是一种错误的认识,建筑专业在绘图时,若房间没有家具,就无法判断房间尺寸的合理性,无法给结构、电气、给排水、暖通专业以指导意见,这些专业将无法深化自己的设计方案。

　　本小节以一套一室一厅一厨一卫一阳台的基本户型为例,如图 2-1 所示,介绍如何进行家具的布置。这里不介绍厨房的布置,因为下一小节将重点介绍厨房的布置。

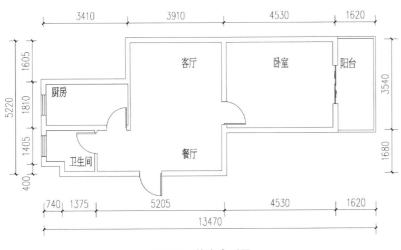

图 2-1　基本户型图

　　(1) 布置客厅与餐厅。在住宅设计时,客厅与餐厅一般是放置在一起的,这样可以共用二者之间的空间,以达到节约面积的效果。本例中客厅的开间是 3910 mm,进深为 3540 mm,可以布置一个 L 形沙发和一台至少 40 英寸的电视机。因为卧室开门的限制,加之户型是一室一厅,所以餐厅只布置了一个 4 座的餐桌,如图 2-2 所示。

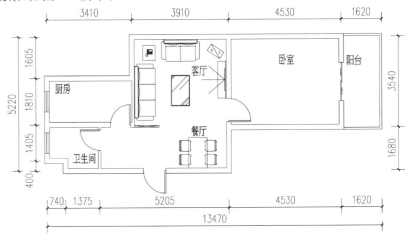

图 2-2　布置客厅与餐厅

　　(2) 布置卧室。卧室的开间是 4530 mm,进深为 3540 mm,这个尺度可以布置一张 2000 mm × 1800 mm 的双人床,除此之外,还需要设置衣柜,供主人存放衣服、床单、棉被等。注意床摆放的原则是睡在床上的人要与开启后的门板垂直,如图 2-3 所示。

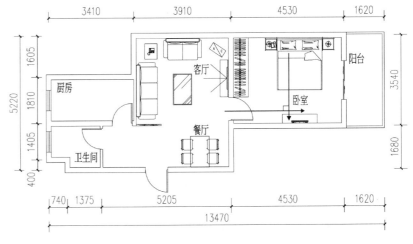

图 2-3　布置卧室

　　(3) 布置阳台。由于这个户型是一室一厅,因此只设置了一个阳台,并没有像大户型那样设置双阳台(即生活阳台与服务阳台)。阳台宽 1620 mm,放置了一台洗衣机与一个洗池,同时还设置了一个储物柜,可以放置家中的杂物,如图 2-4 所示。

　　(4) 布置卫生间。此处设置了一个干湿分区型的卫生间,在干区设置洗脸盆,在湿区设置坐便器与淋浴房,如图 2-5 所示。这样洗漱与如厕可以同时进行,极大地提高了卫生间的利用率。

2.1.2　厨房布置

　　厨房分为操作厨房、餐室厨房、开放式厨房三种类型。在总体布局上分为单排、双排、L 形、U 形、

图 2-4　布置阳台

图 2-5　布置卫生间

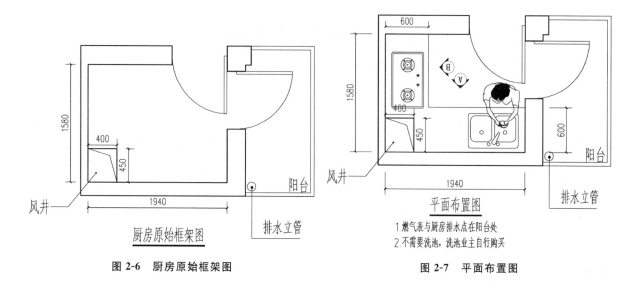

风井　　厨房原始框架图　　排水立管

图 2-6　厨房原始框架图

平面布置图

1.燃气表与厨房排水点在阳台处
2.不需要洗池,洗池业主自行购买

排水立管　阳台

图 2-7　平面布置图

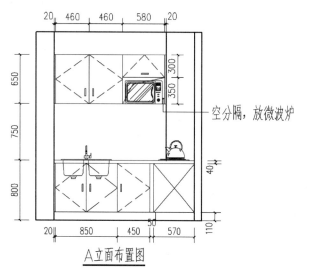

空分隔,放微波炉

A立面布置图

图 2-8　A 立面布置图

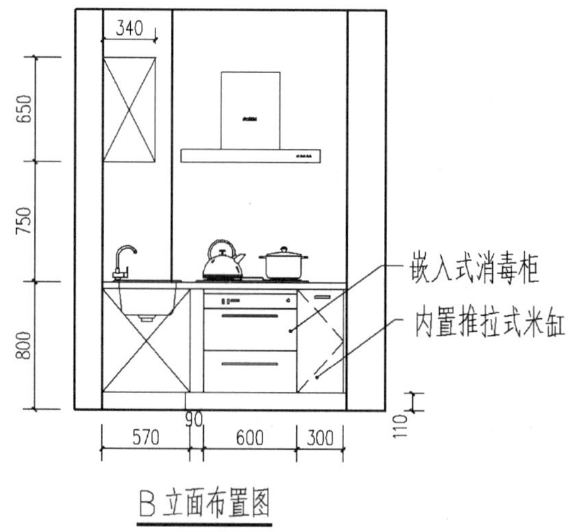

嵌入式消毒柜
内置推拉式米缸

B立面布置图

图 2-9　B 立面布置图

环岛式等几种类型。考虑到本例的厨房面积偏小,如图 2-6 所示,且考虑到中国人的烹饪习惯,笔者选用 L 形的操作厨房进行设计。

（1）平面布置。此户型采用的是双阳台设置,在厨房外布置了服务阳台。排水立管设置在阳台上,而厨房中是没有排水系统的,这样可以减少漏水的发生。因此洗池一定要靠近阳台,用排水横管连接立管;L 形台面的另一侧就布置燃气灶,如图 2-7 所示。

（2）A 立面布置。A 方向立面是洗池所在的一侧,除了布置下部的洗池,上部还布置了吊柜,吊柜设置了空分隔放置微波炉,充分利用空间,如图 2-8 所示。

（3）B 立面布置。B 方向立面是燃气灶所在的一侧,除了布置下部的燃气灶,上部还有抽油烟机。为了节约空间,燃气灶的下方布置了嵌入式消毒柜与推拉式米缸,如图 2-9 所示。

一般情况下,厨房的设计图就是由一个平面图、若干个立面图所组成的。在具体设计时,读者可以参看国标图集《住宅厨房》(14J913—2)中的相关内容,获取更加详细的参考依据。

2.1.3　作业　绘制住宅户型放大平面图

附图 6 是某高层住宅中间层平面,请以 1∶50 的比例,用拷贝纸绘制出户型放大平面图。要求

布置家具、厨洁具等。

2.1.4　卫生间布置

某公共建筑要设计卫生间,需要绘制比例为 1∶50 的卫生间大样图,如图 2-10 所示。注意在比例为 1∶50 的大样图中,建筑材料要使用填充图案。此处的要求是布置男厕、女厕、无障碍卫生间,不需要设置淋浴房、开水房。

（1）卫生间做法。将本项目中要用到的卫生器具及其构造做法和选用的图集列在一起制作成表格,如表 2-1 所示。这样不仅可以查看图中的图例是什么器具、如何进行施工,还方便在作图时直接选择相应的图例。

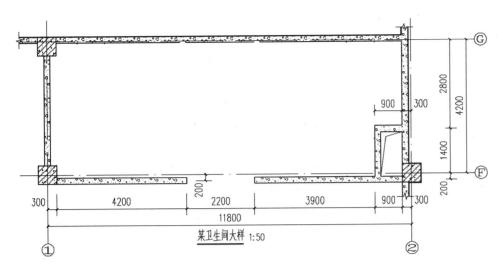

图 2-10 需要布置卫生间的区域

表 2-1 卫生间做法

图 例	名 称	使用图集			平面尺寸/mm
		图集名	页次	编号	
	蹲便器	16J914—1	XT18	1	590×280
	地漏	16J914—1	XT26	3	φ150
	蹲便器隔断	16J914—1	XT9	1	1200×900
	小便器隔板	16J914—1	XT10	4	长 380
	小便器	16J914—1	XT15	2	340×270
	面盆抓杆	12J926	J16	1	760×600
	墙地抓杆	12J926	J17	3	长 600
	墙墙抓杆	12J926	J16	2	长 700
	卫生纸盒	16J914—1	XT29	1	100×100
	污水池	16J914—1	XT24	3	600×500
—	化妆台	16J914—1	XT11	1	宽 600
—	梳妆镜	16J914—1	XT25	4	—

（2）绘制隔墙。因为需要布置男厕、女厕、无障碍卫生间，所以对绘图区域进行详细划分，如图2-11所示。其中①区是无障碍卫生间，②区是女厕，③区是男厕。③区面积大于②区的原因是男厕要布置小便器。

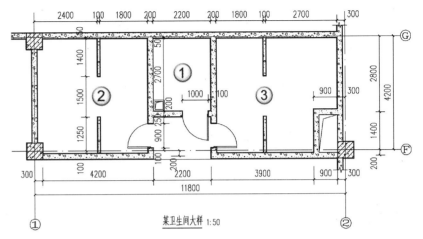

图 2-11 绘制隔墙

（3）布置无障碍卫生间。无障碍卫生间要布置面盆、面盆抓杆、坐便器、墙墙抓杆、墙地抓杆、卫生纸盒，还要标注尺寸为1500 mm的回轮直径符号，如图2-12所示。

（4）布置男厕。男厕要布置面盆、小便器、小便器隔板、蹲式大便器、隔断、地漏等，如图2-13所示。其中①区是洗漱区，②区是如厕区。

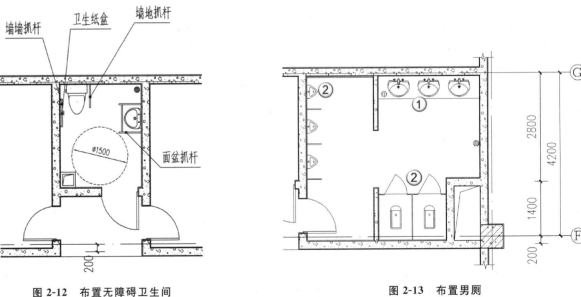

图 2-12 布置无障碍卫生间　　　　**图 2-13 布置男厕**

（5）布置女厕。女厕要布置面盆、蹲式大便器、隔断、地漏、化妆台、梳妆镜等，如图2-14所示。其中①区是洗漱区，②区是如厕区。

（6）尺寸标注与符号标注。布置完成后，加上相应的尺寸标注与符号标注，完成的卫生间大样图如附图7所示。

在具体设计时，读者可以参看国标图集《公用建筑卫生间》(16J914—1)中的相关内容，获取更加详细的参照依据。

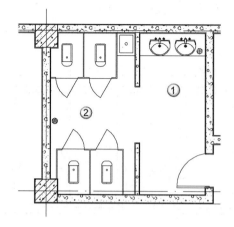

图 2-14 布置女厕

2.1.5 作业 公共卫生间布置

附图8～附图10是某长途汽车客运站的一、二、三层平面图,请用拷贝纸分别绘制出1号、2号、3号卫生间的放大平面图,图幅不限,图纸比例为1:50。注意,1号、2号、3号卫生间分别位于此建筑的一层、二层、三层。

2.2 平面图设计

民用建筑常见的房间形式有矩形、方形、多边形、圆形等。在具体设计中,应从使用要求、平面组合、结构形式与布置、经济条件、建筑造型等方面综合考虑,选择合适的房间形状。

在实际工程中,矩形房间平面在民用建筑中的运用最广泛,如学校、办公楼、旅馆、医院等建筑。沿走道一侧或两侧布置房间,这样的房间便于家具的布置、设备的安装,并且其室内面积利用率高,使用灵活性大,结构设计简洁且方便施工。

2.2.1 矩形教室设计

中小学教室的平面形式主要有矩形(含正方形)、五边形、六边形等几种,如图 2-15 所示。矩形最常用,因为设计、施工比较方便。但因为视线、视角的原因,有一部分面积浪费了。五边形、六边形的教室的面积利用率较高,但是因为房间形状的原因,西窗是不可避免的,特别是在中南地区,这种形式的教室很少采用。

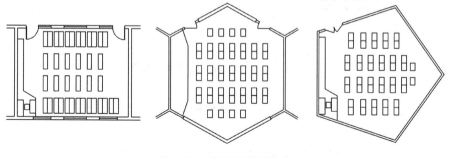

图 2-15 教室的平面形式

(1) 绘制轴线、墙体。根据《中小学校设计规范》(GB 50099—2011),确定小学普通教室的平面尺寸和图纸的比例。先绘制轴线和轴号,并对其进行尺寸标注。在绘制墙体的时候需要注意的是,在1:50的大样图中墙体要使用填充图案。如图 2-16 所示,①②轴线距离为 8600 mm,ⒶⒷ轴线距离为 7300 mm,净尺寸为 8560 mm×6960 mm。

(2) 绘制门窗。《中小学校设计规范》(GB 50099—2011)对于小学普通教室门窗的设置有一定的要求。首先,在门的设置上,需要在教室靠走道的前后两端各设一个 1000 mm×2100 mm 的平开门,并对其进行标注和编号(M1021)。其次,在窗的设置上,既要保证教室有充足的采光,同时也要考虑到教室的遮阳问题,所以窗大小的设置要适中。在教室靠门的一端设置一扇 1800 mm×1800 mm 的窗,另一端设置三扇 1800 mm×2100 mm 的窗,并分别对其进行标注和编号(C1818,C1821),如图2-17所示。

图 2-16 绘制轴线、墙体

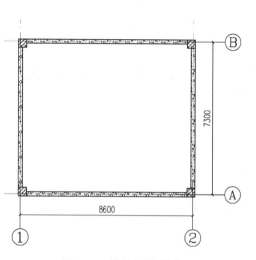

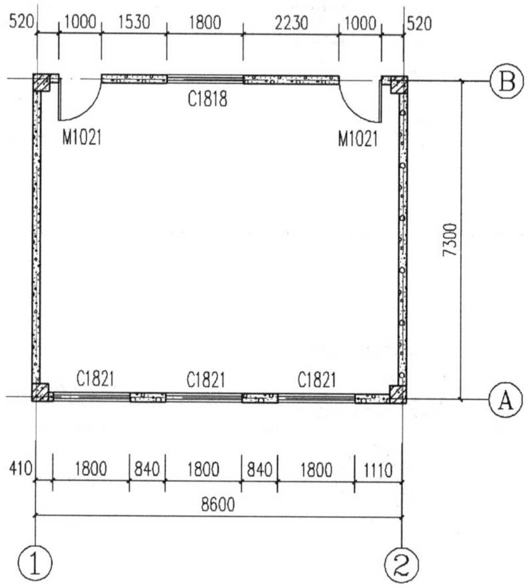

图 2-17 绘制门窗

(3) 绘制课桌及椅子。依据规范和人体工程学的要求,小学课桌及椅子的排距不宜小于850 mm,纵向走道宽度不应小于550 mm。一般小学课桌尺寸设置为1200 mm×400 mm,椅子尺寸设置为330 mm×315 mm,布置如图 2-18 所示。课桌外侧距墙250 mm,最后一排椅子距后墙1380 mm,最后一排课桌后沿距后墙 1630 mm。

(4) 绘制黑板。依据规范要求,小学普通教室第一排课桌前沿与黑板的水平距离不宜小于2000 mm,教室最后一排课桌后沿与黑板的水平距离不宜大于8000 mm,前排边座的学生与黑板远端形成的水平视角不应小于30°。小学普通教室黑板高度不应小于1000 mm,宽度不宜小于3600 mm,黑板应采用耐磨和无光泽的材料。绘制宽 3600 mm 的黑板,并且满足角度要求,如图 2-19 所示。

(5) 绘制储物柜。按照规范要求,每个教室需要一定的储藏空间,一般按照 0.3 m²/人计算,所以在教室的另一端绘制宽 300 mm 的储物柜,如图 2-20 所示。

(6) 绘制讲台。依据规范要求,讲台长度应大于黑板长度,宽度不应小于800 mm,高度宜为200 mm。其两端边缘与黑板两端边缘的水平距离分别不应小于0.40 m。绘制 4400 mm×1000 mm 的讲台,并对其进行尺寸标注,如图 2-21 所示。

➡ 注意:为了表达教室中纵向的尺寸与构件,对图 2-21 的普通教室放大平面图加注了两个剖切符号1—1与2—2,这两个剖面图在下面详细讲解。

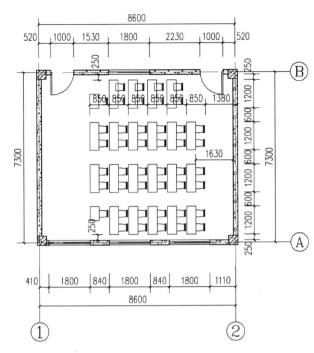

图 2-18　绘制课桌及椅子

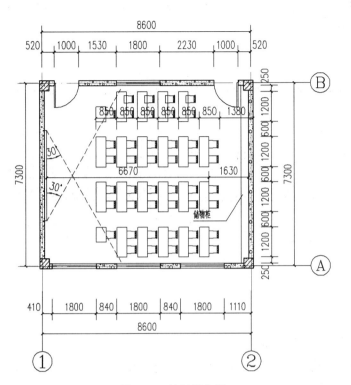

图 2-20　绘制储物柜

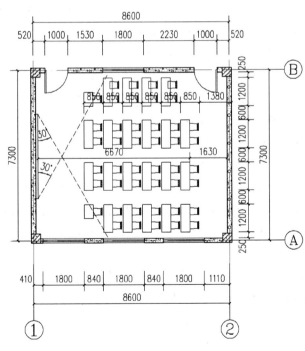

图 2-19　绘制黑板

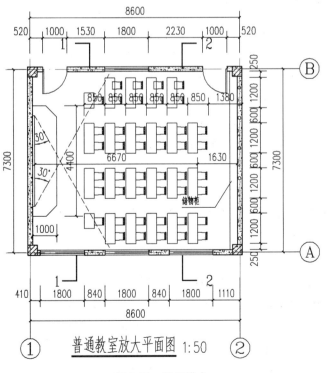

普通教室放大平面图 1:50

图 2-21　绘制讲台

（7）绘制剖面图。1—1剖面图表达的是讲台、前黑板的尺寸，2—2剖面图表达的是后黑板、储物柜的尺寸，如图2-22所示。

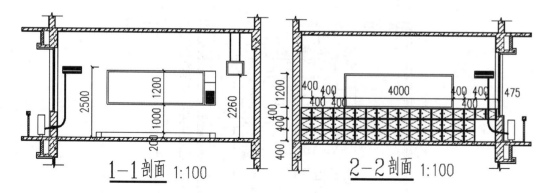

图 2-22　两个剖面图

2.2.2　别墅设计

别墅是一种高档的住宅形式，拥有独立的建筑基地，是体现生活品质的高级住所。本小节介绍了1栋两层别墅的平面设计构思，将常用的房间通过交通流线组织起来。分区明确，公共空间与私密空间相互不干扰。在房间面积的设置上，不仅要满足日常生活的需要，还要体现别墅的优势，满足业主"享受"的需求。

在绘图前，要明确设计内容。根据别墅的建筑功能，其功能用房一般包含普通卧室、主卧室、老人房、厨房、餐厅、卫生间、书房、储藏室、棋牌室等，交通空间一般包含走道和楼梯。在对其进行平面布置时，从整体组合形式入手，根据其面积258.45 m²确定建筑外轮廓，然后对其进行内部深化设计。

（1）绘制轴线、墙体。根据其面积258.45 m²，确定下开轴线尺寸为3900 mm、7200 mm，上开轴线尺寸为3900 mm、6000 mm、1200 mm，左进尺寸为4500 mm、2100 mm、3900 mm、2400 mm，右进尺寸为1100 mm、5500 mm、2400 mm、3900 mm，如图2-23所示。

（2）绘制出入口、厨房、餐厅。对于别墅来说，出入口是非常重要的。首先，确定入户门尺寸为1500 mm×2400 mm，以子母门的形式绘制；其次，需要绘制室外台阶，一般为三步，每步高150 mm，前两步宽300 mm，第三步为入户平台，宽为1200 mm；最后，在二层对应的位置绘制3000 mm×2100 mm的雨篷。在别墅平面设计中，餐厅和厨房相邻布置，绘制轴线尺寸为2400 mm×3900 mm的厨房，在长边上绘制1800 mm×2400 mm的窗，门的尺寸为900 mm×2100 mm，然后布置对应的操作台。餐厅需要考虑常见的最大就餐人数（有客人在此就餐的情况），其进深为3900 mm，并在长边开1800 mm×2400 mm的窗，可考虑开敞式餐厅形式，如图2-24所示。

（3）绘制一层棋牌室、卫生间。绘制轴线尺寸为3900 mm×3900 mm的棋牌室，开1800 mm×2400 mm的窗，门的尺寸为900 mm×2100 mm。一层卫生间一般供客人和主人使用，私密性相对二层卫生间来说较低，轴线尺寸为2600 mm×2100 mm。卫生间一般采用高窗（窗台高为1800 mm）的形式，窗的尺寸为1200 mm×1500 mm，根据规范要求，住宅卫生间的门宽度一般不小于800 mm，如图2-25所示。

（4）绘制老人房、客厅。考虑到用途，老人房通常放在一层，离出入口有一定的距离，保证房间的

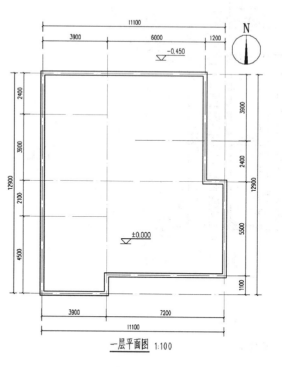

图 2-23　绘制一层轴线与外墙　　　　图 2-24　绘制出入口、厨房、餐厅

相对安静，按照普通房间尺寸绘制，轴线尺寸为3900 mm×4500 mm。老人房一般要保证南向开窗，保证房间内有相对充足的日照，开窗尺寸为1800 mm×2400 mm。客厅一般需要保证有三面墙体围合，这样方便布置沙发、茶几等客厅家具。绘制轴线尺寸为7200 mm×5500 mm的客厅，客厅可设置落地窗，尺寸为2400 mm×2400 mm。在客厅的外墙一侧设置一个1500 mm×2400 mm的可通向后院的门。门绘制完后，同样需要绘制这个门外侧的台阶及雨篷，如图2-26所示。

（5）绘制二层卧室。在完成一层平面布置图后，二层平面布置图就相对容易了。二层卧室所对应的一层空间的功能分别是餐厅、棋牌室、卧室，所以在绘制二层卧室时，只需找到相对应的位置即可，然后根据其功能对门窗大小进行更改，如图2-27所示。

（6）绘制二层储藏室、卫生间、书房、露台。该步骤与上一步类似，储藏室和卫生间对应的一层空间的功能是厨房和卫生间。需要注意的是，书房和露台所对应的是一层的客厅，由于在二层对于轴线尺寸7200 mm×5500 mm的空间进行了分隔，所以在露台的外侧脚上加上了两个400 mm×400 mm的柱子，如图2-28所示。

（7）绘制楼梯。在绘制完功能用房后，则需要绘制交通流线空间。明确一层层高为3.6 m，设置双跑楼梯，踏步高为150 mm，宽为250 mm，梯段宽1080 mm，平台宽1200 mm。一层楼梯如图2-29所示，二层楼梯如图2-30所示。

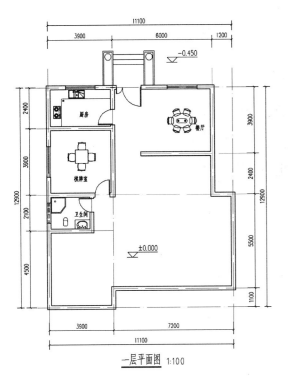

图 2-25　绘制一层棋牌室、卫生间

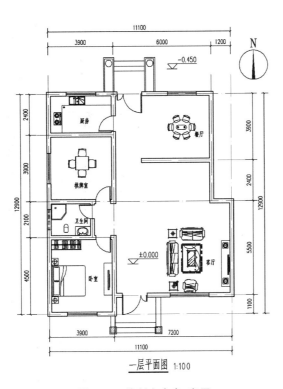

图 2-26　绘制老人房、客厅

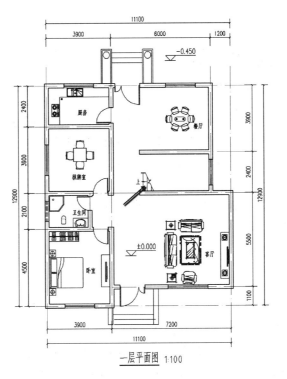

图 2-29　绘制一层楼梯

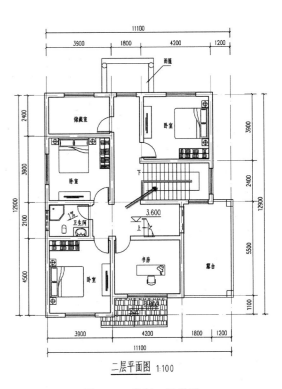

图 2-30　绘制二层楼梯

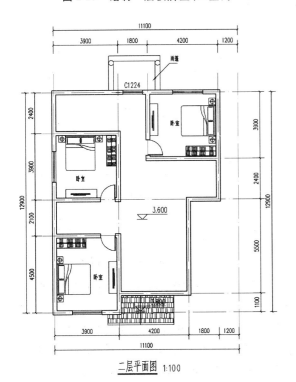

图 2-27　绘制二层卧室

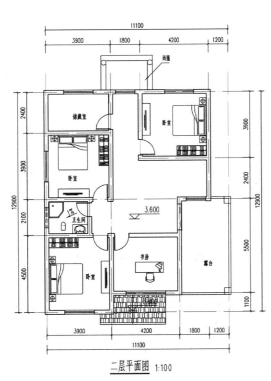

图 2-28　绘制二层其他房间

第3章 剖面设计

建筑剖面图,指的是假想用一个或多个垂直于外墙轴线的铅垂剖切面将房屋剖开,所得的投影图简称剖面图。剖面图用以表示房屋内部的结构或构造形式、分层情况和各部位的联系、材料及其高度等,是与平面图、立面图相互配合的不可缺少的重要图样之一。剖切位置一般应选择在房屋内部构造比较复杂与典型的部位,例如楼梯、主入口、错层等。

前面介绍了剖切的一般性原理。本章则以楼梯剖面设计和典型建筑剖面设计为例,详细介绍如何根据已知的平面图,选取建筑内部的剖切位置,快速、准确地绘制出能够反映建筑内部空间组合关系的剖面图。

3.1 楼梯间的剖面设计

楼梯作为建筑物中垂直交通的重要连接部分,常用于楼层之间和高差较大时的交通联系。楼梯的最低和最高踏步间的水平投影距离为梯长,梯级的总高为梯高。而作为楼梯载体的楼梯间是绝大多数建筑中必不可少的空间,主要分为开敞楼梯间、封闭楼梯间和防烟楼梯间等。剖面图是最能直观反映楼梯形式的,本节将介绍绘制楼梯剖面图的方法,通过对楼梯间的剖面设计亦可判断建筑垂直交通流线的合理性。

3.1.1 双跑楼梯间

双跑楼梯是楼梯的一种形式,每层包含两个梯段,在两个楼板层之间包括两个平行而方向相反的梯段和一个中间休息平台,是应用最为广泛的一种形式。双跑楼梯最大的优势就是可以在有限的面积内解决垂直交通的问题。

本小节以已知的双跑楼梯间平面为例,介绍绘制楼梯间剖面图的方法。

(1)分析双跑楼梯间的平面图。本例中ⒶⒷ轴间距为 3600 mm,①②轴距为 6000 mm,这是一个开敞式的双跑楼梯间,如图 3-1 所示。首先,观察出楼梯间的层数为两层,根据层高为 3300 mm,可以得出每个休息平台的标高,并且计算出每个踏步的高度为 150 mm。其次,根据楼梯踏步的宽度为260 mm,确定出楼梯梯段的长度为 2600 mm,得出休息平台的宽度为 1700 mm。通过楼梯的总宽度3400 mm、梯井宽度 200 mm 和扶手宽度 60 mm,计算出梯段的宽度为 1540 mm。

(2)确定剖面图轴线、楼层线、休息平台层线。根据剖切符号的位置,先将一层楼梯间平面旋转90°,复制②~①轴,对应到剖面上相应的位置(即 1650 mm 处)。确定地坪和一层楼层线位置,根据层高将楼层线向上偏移 3300 mm,休息平台位于二层与一层等分的位置,如图 3-2 所示。

(3)绘制楼梯间的墙体、柱子、窗。根据上一步所确定的轴线、楼层线绘制 200 mm 厚的墙体。由于剖切到了窗户 C1512,因此要在剖切的墙中对其进行表达。绘制时需要注意的是,楼梯间的窗跟其他楼层的窗位置不同,楼梯间的窗是专为休息平台服务的,所以确定窗台高为 900 mm,将休息平台的楼层线向上偏移 900 mm,绘制高为 1200 mm 的窗,如图 3-3 所示。

(4)确定楼梯位置,绘制楼板、休息平台。注意休息平台边界到②轴的距离为 1800 mm,楼板起始处距①轴 1600 mm,用间距 100 mm 的两条平行线绘制休息平台与楼板并填实,如图 3-4 所示。

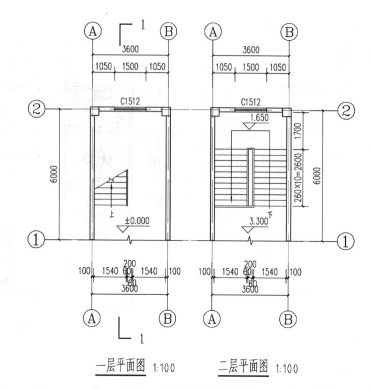

图 3-1 双跑楼梯间平面图

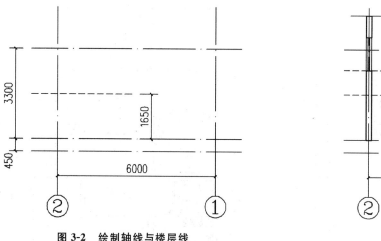

图 3-2 绘制轴线与楼层线   图 3-3 绘制墙与窗

(5)确定每个踏步的位置。根据确定的楼梯位置,首先绘制 11 条间距 260 mm 的平行辅助线,如图 3-5 所示。这些辅助线之间的间距表示楼梯踏步的宽度。

(6)绘制两个梯段的踏步、梯段梁并填充。每个踏步高为 150 mm,根据上一步的辅助线逐一绘制每个踏步。绘制好踏步后,根据剖切符号的位置确定剖到的梯段并进行填充。梯段梁高度一般为400 mm,将楼层线向下偏移 400 mm 进行绘制。最后将剖切到的梁板加粗,如图 3-6 所示。

(7)绘制扶手。根据《民用建筑设计统一标准》(GB 50352—2019)规定,楼梯间扶手高不小于 900 mm。在踏步居中位置绘制高 900 mm、直径 100 mm 的扶手栏杆。最后在剖面上将踏步数和踏步高度按照规范进行标注,如图 3-7 所示。

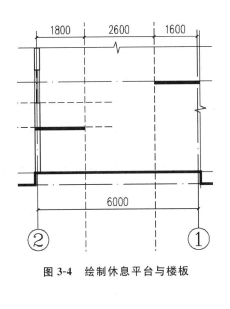

图 3-4　绘制休息平台与楼板

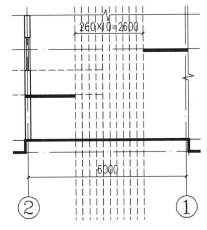

图 3-5　确定踏步的位置

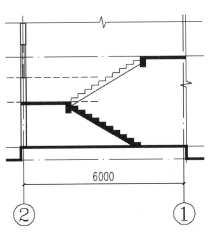

图 3-6　绘制楼梯踏步、梯段梁后填充

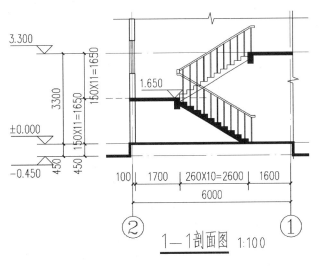

1—1剖面图　1:100

图 3-7　完成图形

3.1.2　剪刀楼梯间

剪刀楼梯也称为叠合楼梯、交叉楼梯或套梯。其特征是在同一楼梯间设置一对相互重叠,又互不相通的两个楼梯。位于楼梯间的梯段一般为单跑直梯段。剪刀楼梯最重要的特点是在同一楼梯间里设置了两个楼梯,具有两条垂直方向的疏散通道。剪刀楼梯在平面设计中可利用较狭窄的空间设置两部楼梯,这两部楼梯分属两个不同的防火分区,在发生消防安全事故时,楼内的人员可以花更短的时间从一个下楼梯口到达另一个下楼梯口,增加了宝贵的疏散逃生时间,增加了楼层人员的逃生机会,提供了更好的安全保障。剪刀楼梯可提高建筑面积使用率,有效降低公共楼梯间面积,减小楼梯间面宽,楼层的承载量没有减小,避免了土地面积浪费,降低了建筑成本。

本小节以已知的剪刀楼梯间平面为例,介绍绘制楼梯间剖面图的方法。

(1) 分析剪刀楼梯间的平面图。本例中Ⓐ Ⓑ轴间距为 2800 mm,①②轴间距为 7100 mm,这是一个开敞式剪刀楼梯间,如图 3-8 所示。首先,观察出楼梯间的层数为两层,层高为 3000 mm,一共有 18步台阶(根据规范,楼梯连续踏步不宜超过 18 步),计算出每个踏步的高度为 167 mm(3000 mm÷18

≈167 mm)。其次,根据楼梯踏步的宽度 270 mm,确定出楼梯的梯段长度为 4590 mm(270 mm×17＝4590 mm)。楼梯轴线总宽 2800 mm,其中梯井宽 200 mm,扶手宽度 60mm,墙厚 200 mm,则每个梯段宽 1140 mm。在绘制剖面图前,可以将剪刀楼梯看成是由两个直跑梯段组成的。

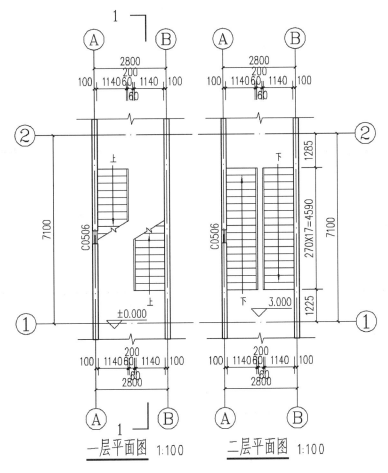

图 3-8　剪刀楼梯间平面图

(2) 确定剖面轴线、楼层线。根据剖切符号的位置,先将一层楼梯间平面旋转 90°,拷贝①～②轴,对应到剖面上相应的位置。确定一层楼层线位置,根据层高将楼层线向上偏移 3000 mm,确定出二层的楼层线,如图 3-9 所示。

(3) 绘制楼梯间的墙体、窗。根据上一步所确定的轴线、楼层线,绘制 200 mm 厚的墙体。根据剖切线的位置绘制辅助线,将窗户的位置对应到剖面上进行绘制,由于窗户位于楼梯间的侧墙上,主要起通风作用,确定窗台高为 1630 mm,将楼层线向上偏移 1630 mm(图 3-10 的①处),绘制高为 500 mm、宽为 600 mm 的窗(图 3-10 的②处)。

(4) 确定楼梯位置,绘制楼板。将二层楼梯间平面旋转 90°,并拷贝剖切符号到二层平面图上,绘制辅助线将梯段总宽的位置对应到剖面图上,确定楼板位置。根据前面确定的楼层线位置,在楼板上沿楼层线绘制厚度为 100 mm 的楼板,并且填实剖到的部分,如图 3-11 所示。

(5) 确定每个踏步的位置。根据确定的楼梯位置,绘制辅助线,将 18 级踏步对应到剖面图上,如图 3-12 所示。

(6) 绘制两个梯段的踏步、梯段梁并填充。每个踏步高为 167 mm,根据上一步的辅助线逐一绘

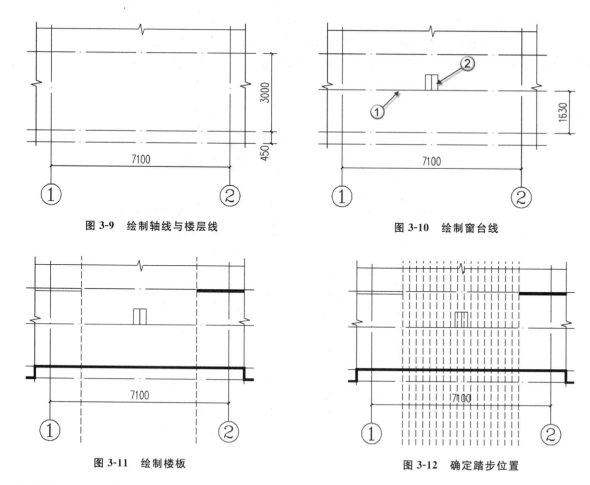

图 3-9 绘制轴线与楼层线

图 3-10 绘制窗台线

图 3-11 绘制楼板

图 3-12 确定踏步位置

制每级踏步。绘制好踏步后,根据剖切符号的位置确定剖到的梯段并进行填充。梯段梁高度一般为 400 mm,将楼层线向下偏移 400 mm 进行绘制,如图 3-13 所示。

(7)绘制扶手。根据《民用建筑设计统一标准》(GB 50352—2019)规定,楼梯间扶手高不小于 900 mm。在踏步居中位置,绘制高 900 mm 的栏杆和扶手。最后在剖面上将踏步数和踏步高度按照规范进行标注,如图 3-14 所示。

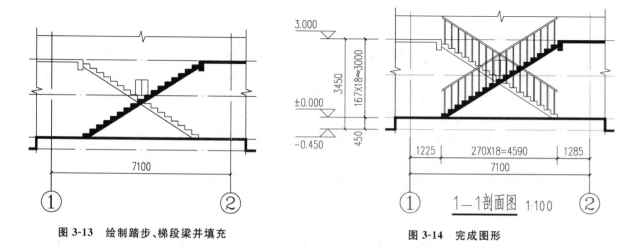

图 3-13 绘制踏步、梯段梁并填充

图 3-14 完成图形

3.2 建筑的剖面设计

建筑剖面图与建筑平面图、立面图相配合,是建筑施工中不可缺少的重要图样之一。在剖面图的表达上,需注意定位轴线、图线、比例、图例、剖切位置与数量的选择、尺寸标注(总高度、层高、窗洞及窗间墙高度、各主要部位的标高、各层楼地面标高、楼梯平台标高、门洞高度)、楼地面各层构造做法、详图索引符号等要素。

在绘制剖面图时,用粗实线绘制被剖到的墙体、楼板、屋面板;用中粗实线绘制房屋的可见轮廓线;用细实线绘制较小的建筑构配件的轮廓线、装修面层线等;而用特粗实线绘制室内外地坪线。绘图比例小于等于 1∶100 时,被剖切到的构配件断面上可省略材料图例。绘制比例应与平面图绘图比例相同。

3.2.1 分析已知的图纸

独立式住宅(又叫别墅)是指独门独户的小型独栋住宅,其最大的特点是包含一个相对私密的空间,居住质量相对较高,对于建筑设计学习而言,独立式住宅设计是必备的内容。本小节中已知独立式住宅四个方向的立面图、各层平面图、两个字母轴方向的剖面图(1—1 与 2—2)。下一小节中将详细介绍如何准确、合理地绘制另一个数字轴方向的建筑剖面图(3—3)。

(1)已知立面图。图 3-15~图 3-18 是本例中四个方向的立面图。立面图在绘制剖面图中的作用主要是可以参照外墙门窗的样式与高度、屋顶样式等。

①~⑥立面图 1∶100

图 3-15 ①~⑥轴立面图

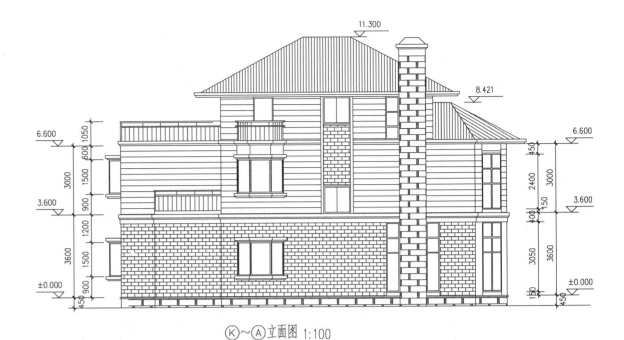

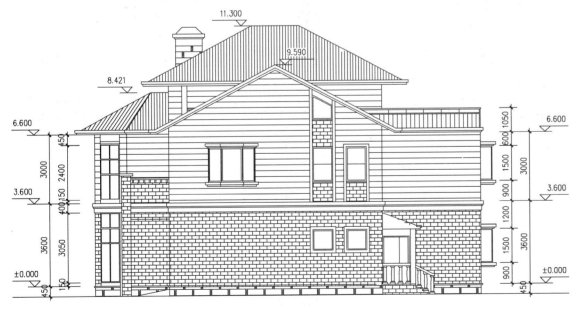

⑥~①立面图 1:100

图 3-16　⑥~①轴立面图

Ⓐ~Ⓚ立面图 1:100

图 3-17　Ⓐ~Ⓚ轴立面图

Ⓚ~Ⓐ立面图 1:100

图 3-18　Ⓚ~Ⓐ轴立面图

（2）已知平面图。这里有四个平面图，本例介绍如何绘制 3—3 剖面图。3—3 剖面图的剖切符号在图 3-19（即一层平面图）的①处。用一条双点画线（这是一条辅助线，而不是正式图中应该出现的线）将剖切面的投影线绘制出来，在图 3-19 的②处，这样可以直观看到建筑物哪些位置与剖切面相交。同样要在每一楼层都绘制这样一根线，方便绘制剖面图，如图 3-20～图 3-22 所示。

▶注意：图 3-21 是标高为 6.600 处平面图。这个平面图没有对应的楼层编号，而采用其标高来命名。这种方法经常用在阁楼、错层、半层的平面图中。

（3）已知剖面图。这里已知两个字母轴方向的剖面图，即 1—1 剖面图和 2—2 剖面图，如图 3-23、图3-24 所示。这两个剖面图对应的剖切符号在一层平面图中，即图 3-19 中。

3.2.2　绘制 3—3 剖面图

在前面分析完已知的平面图后，本小节详细介绍 3—3 剖面图的绘制。读者要理解怎么绘图、绘制哪些内容、剖面图重点表达什么内容这样三个问题。

（1）绘制轴线。因为剖切面与①③④⑥四根轴线相交，所以 3—3 剖面图只需要绘制这四根轴线，如图 3-25 所示。

（2）绘制楼层线。根据平面图可知，建筑层数为两层，一层层高为 3600 mm，二层层高为 3000 mm，室内外高差为 450 mm。自下而上依次绘制−0.450、−0.150、±0.000、3.600、6.600、8.700、11.300七个标高及其对应的楼层线，如图 3-26 所示。

（3）绘制地坪。地坪绘制的原则是室内绘制地面，室外绘制地坪，注意要用粗线，如图 3-27 所示。注意，因为这是建筑专业的图，所以在地坪之下的构件如基础、梁、墙等都不需要绘制（这些内容将在结构专业图纸中重点表达）。

（4）绘制墙体。本例结构采用的是砖混结构，因此使用间距 240 mm 的双线绘制墙体，如图 3-28 所示。其中①④处为一、二层墙体，②处为二层墙体，③处为一层墙体，这需要参照一层平面图（图

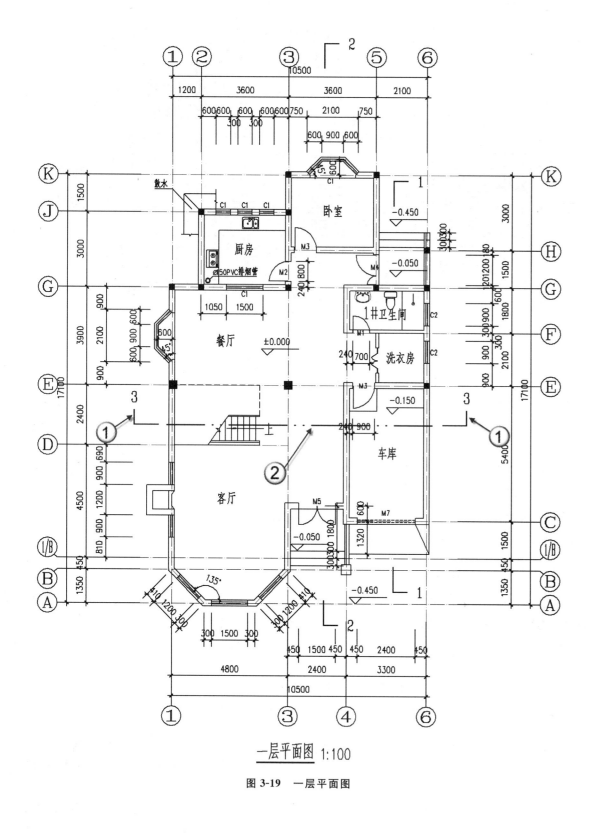

一层平面图 1:100

图 3-19　一层平面图

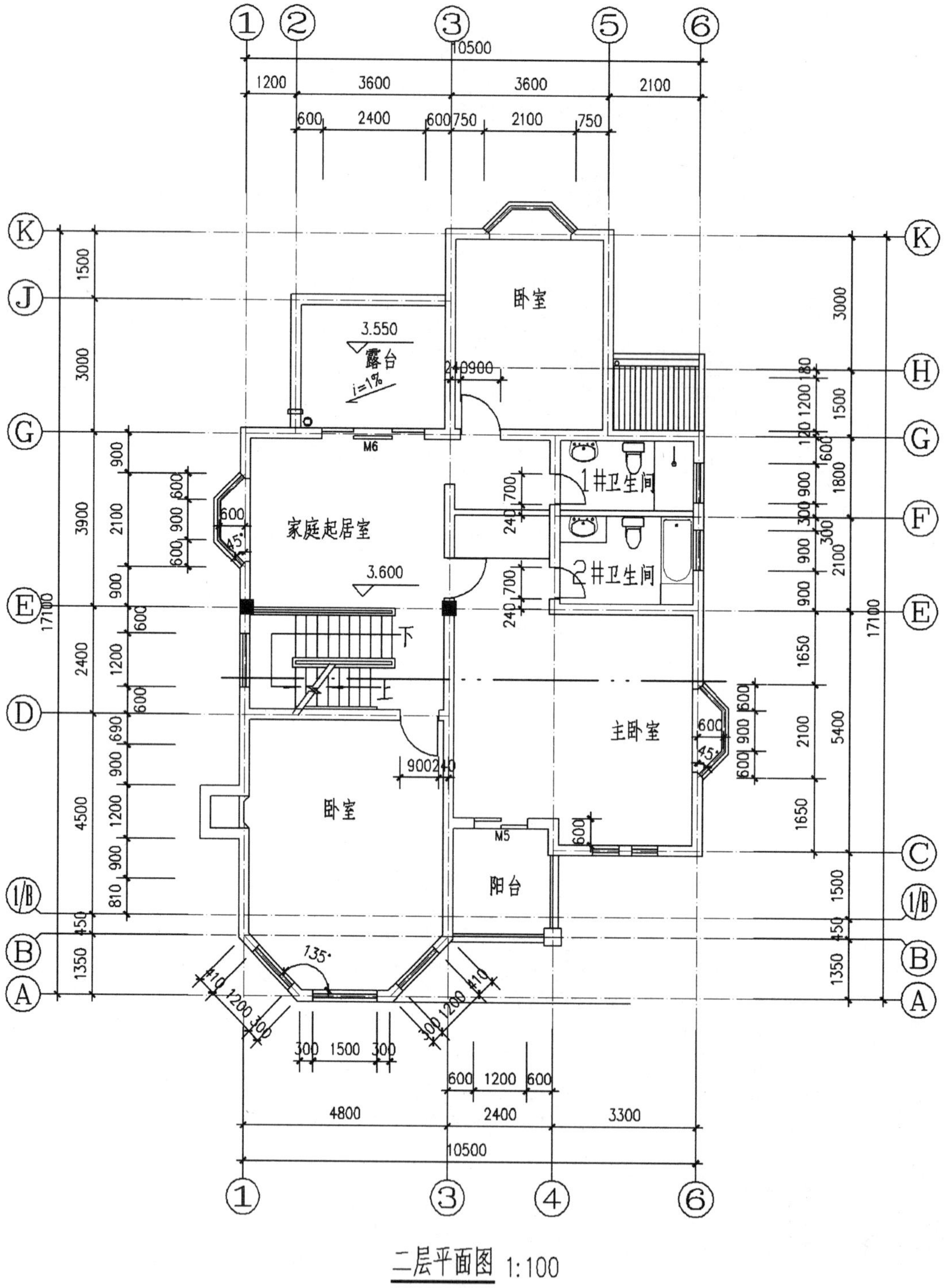

二层平面图 1:100

图 3-20　二层平面图

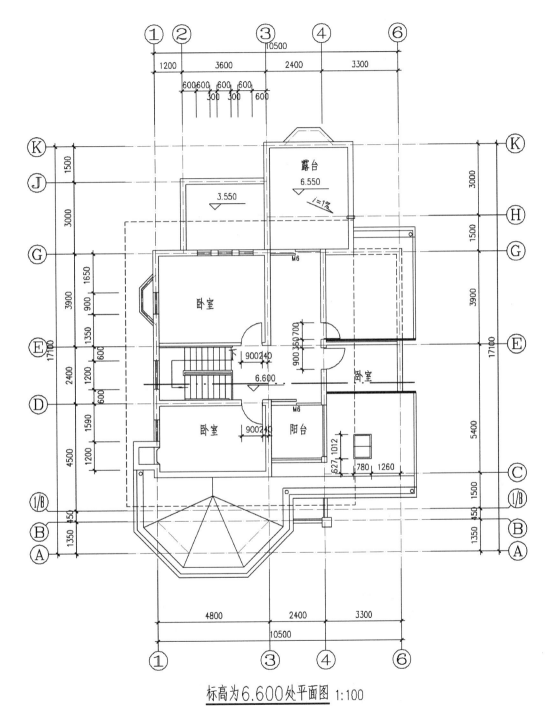

标高为6.600处平面图 1:100

图 3-21　标高为 6.600 处平面图

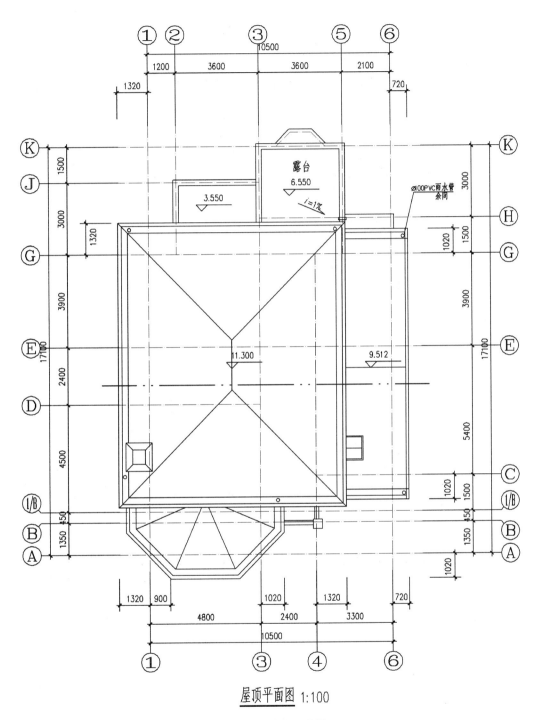

屋顶平面图 1:100

图 3-22　屋顶平面图

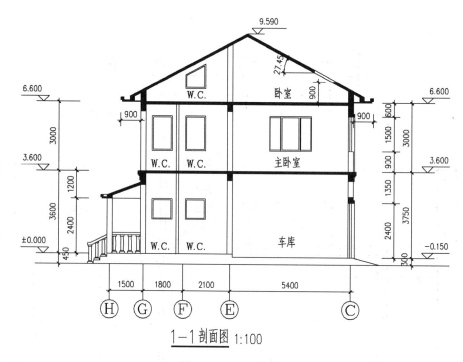

1—1剖面图 1:100

图 3-23   1—1 剖面图

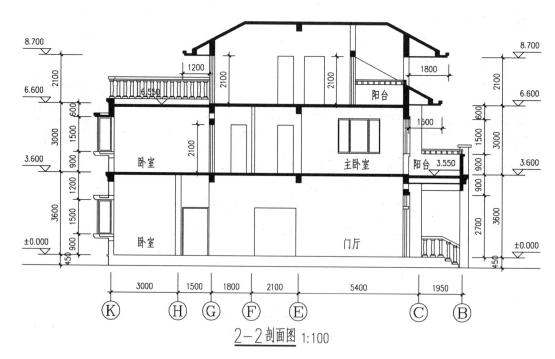

2—2剖面图 1:100

图 3-24   2—2 剖面图

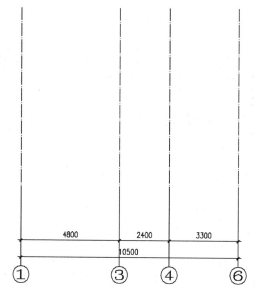

图 3-25   绘制轴线

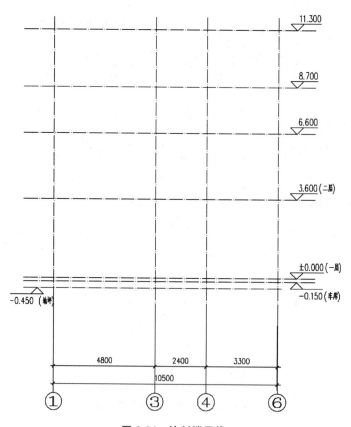

图 3-26   绘制楼层线

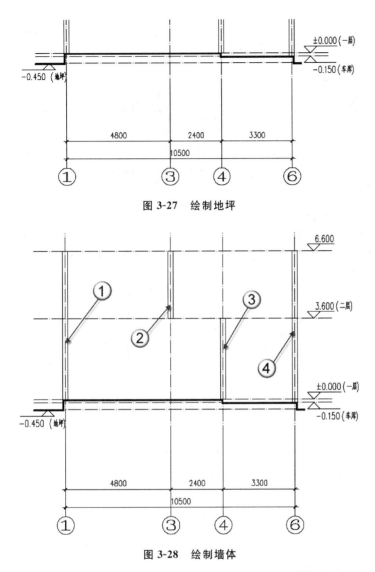

图 3-27　绘制地坪

图 3-28　绘制墙体

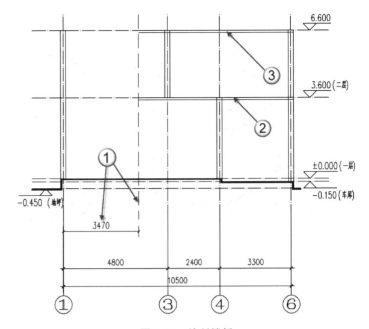

图 3-29　绘制楼板

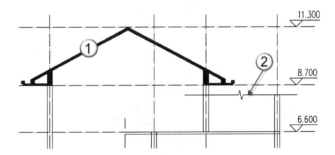

图 3-30　绘制屋顶

3-19)、二层平面图(图 3-20),从这两幅图中分析得来。这时绘制的墙体并不是最终的墙体,因为绘制完坡屋顶之后,需要将某些墙体的顶部延长至与屋顶相接。

(5) 绘制楼板。在①轴向右 3470 mm 处绘制一条辅助线(图 3-29 的①处)。绘制这条辅助线是为了将楼梯间空出来,楼梯间是没有楼板的。用间距为 100 mm 的平行线,在标高 3.600、6.600 处分别绘制两个楼板(图 3-29 的②处)。

▶注意:最常见的楼板厚为 100 mm,因此这里就使用间距为 100 mm 的平行线来绘制。在后面还会对楼板进行填实处理,这是因为楼板材料是钢筋混凝土。楼板在建筑专业图纸中不标注,因为其厚度不一定是 100 mm,会根据跨度的变化而变化,楼板厚会在结构专业图纸中详细说明,这里的楼板用两条间距 100 mm 的平行线绘制,只是起标识作用。

(6) 绘制屋顶。由屋顶平面图(图 3-22)知剖切符号与本例中的两个坡屋顶都相交,但是只与其中一个坡顶的屋脊线相交,因此剖面图中只需要绘制与屋脊线相交的这个屋顶,而另一个则仅绘制折断线就行了。根据 1—1 剖面图(图 3-23)中的相关尺寸,绘制出图 3-30 的①处的坡屋顶,在图 3-30 的②处绘制折断线表示与屋顶相交。

(7) 绘制一层楼梯。本例的楼梯为双跑楼梯,根据剖切符号得知:剖切到一跑楼梯(图 3-31 的①处),并观看到另一跑楼梯(图 3-31 的②处),因为楼梯的材料是钢筋混凝土,所以剖切到的那一跑要填实。

(8) 完成楼梯。前面一步绘制完成了一层的楼梯,这里使用同样的方法绘制二层楼梯,并绘制整个楼梯的栏杆扶手,如图 3-32 所示。

(9) 绘制门窗。绘制剖切到的两个窗(图 3-33 的①处),然后绘制一层观看到的两个单扇平开门(图 3-33 的②处),绘制标高 6.600 处的一个双扇的推拉门(图 3-33 的③处)。

(10) 完成图形。对图进行详细的尺寸与符号标注,并加上图名,完成后如图 3-34 所示。

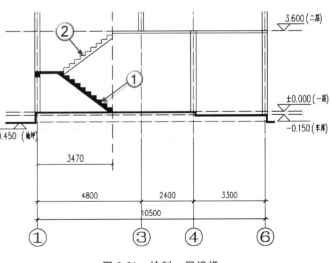

图 3-31　绘制一层楼梯

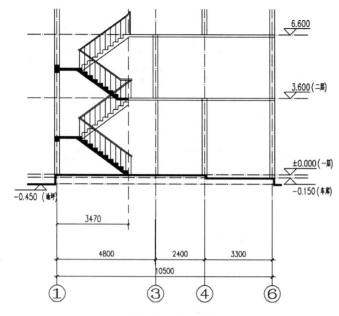

图 3-32 完成楼梯

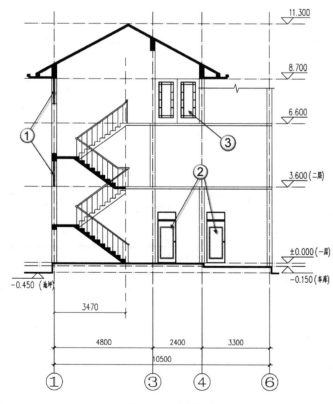

图 3-33 绘制门窗

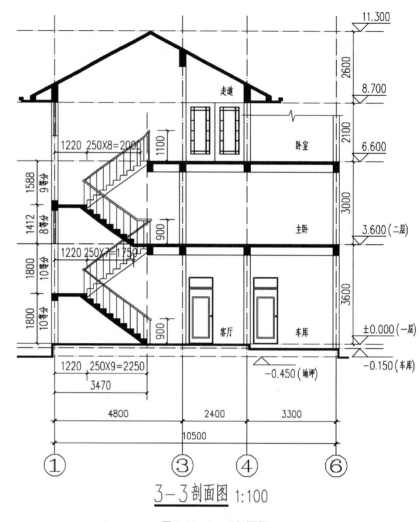

3—3 剖面图 1:100

图 3-34 3—3 剖面图

3.2.3 作业 游泳馆剖面设计

前面介绍了独立式住宅的剖面图绘制方法,相对于独立式住宅来说,游泳馆在功能上更为复杂,其一般包含三种类型:①比赛馆,用于游泳、水球、跳水等项目竞赛和表演,设有看台,平时用于训练;②训练馆,专供运动员训练用,有游泳和跳水设备,只设少量观摩席,不设看台;③室内公共游泳池,供公众锻炼、游乐、休息、医疗用,布置比较灵活。本例选用室内公共游泳池的准备与服务区。游泳馆不仅在功能上比较复杂,还需要设置一定的设备用房,所以在剖面设计上会出现很多比较特别的地方,如本例中采用的错层设计。

已知一个游泳馆的五个平面图,如图 3-35~图 3-39 所示。其中图 3-35 为标高为-1.500 处平面图,图 3-37 为标高为 1.500 处平面图,这两幅平面图比较特别,没有用楼层名来命名,而使用标高命名,因为它们都是错半层的平面图。

要求绘制字母轴方向的 1—1 剖面图(剖面符号见图 3-36)、数字轴方向的 2—2 剖面图(剖面符号见图 3-37)。绘图比例为 1:50,图幅不限。绘图使用铅笔、拷贝纸等。在绘图时一定要注意本例中有大量错半层的情况。

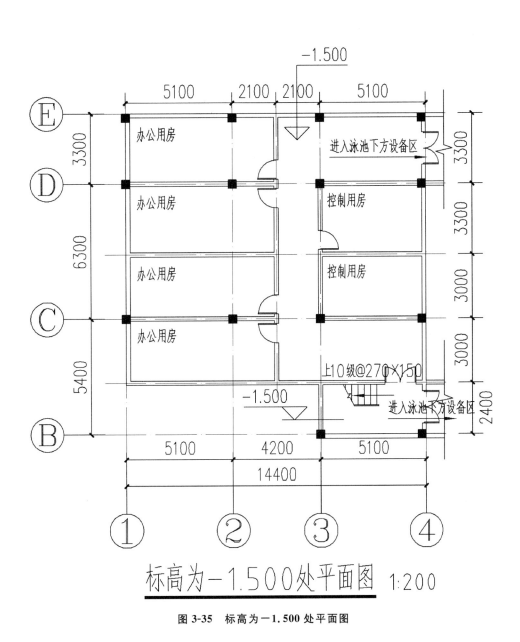

E
3300
D
6300
C
5400
B
2400

办公用房
办公用房
办公用房
办公用房

控制用房
控制用房

−1.500

进入泳池下方设备区

进入泳池下方设备区

上10级@270×150

−1.500

5100 2100 2100 5100

3300
3300
3000
3000

5100 4200 5100
14400

① ② ③ ④

标高为−1.500处平面图 1:200

图 3-35 标高为−1.500处平面图

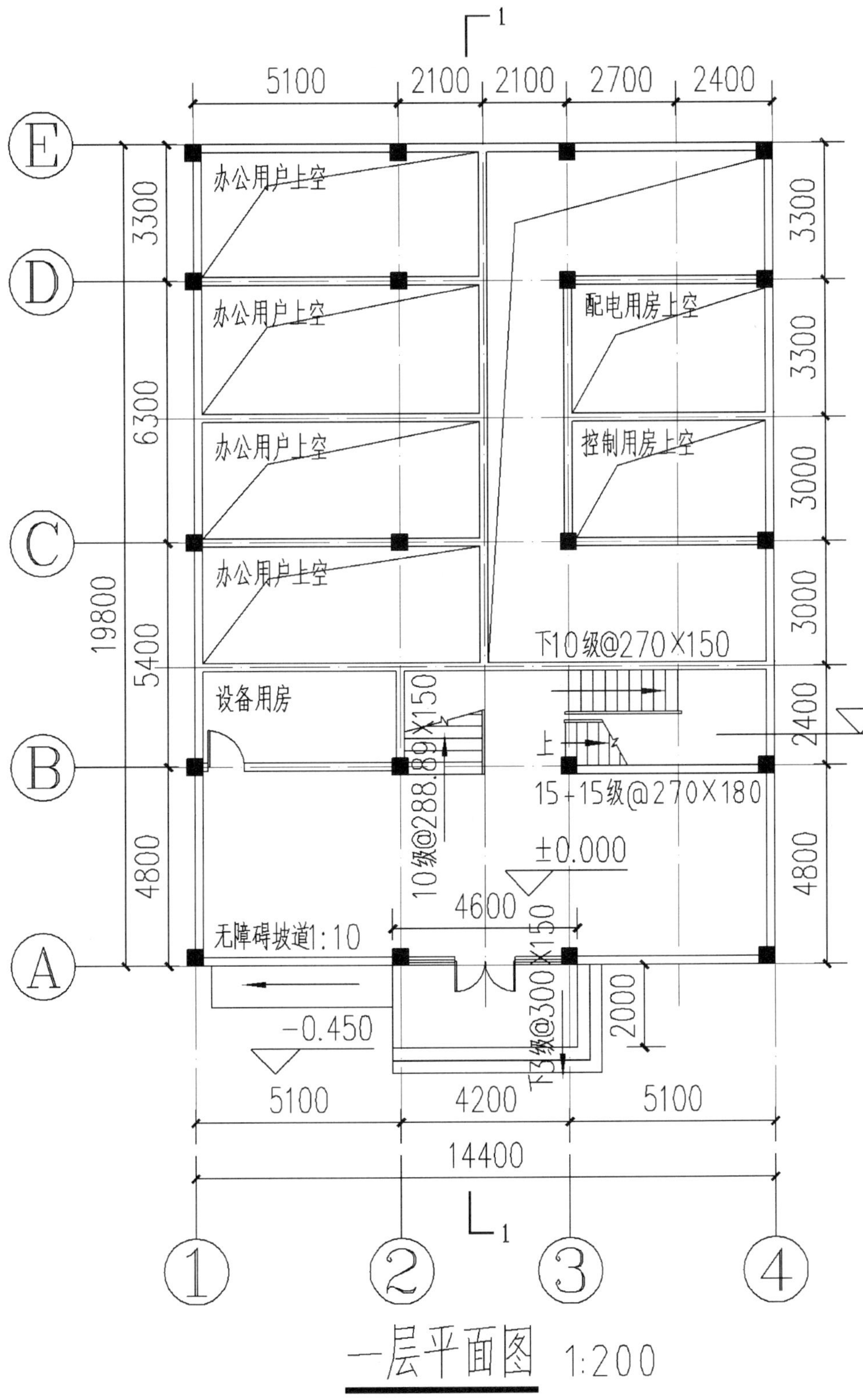

⌐1

5100 2100 2100 2700 2400

E
3300
D
6300
C
5400
B
4800
A

19800

办公用户上空
办公用户上空
办公用户上空
办公用户上空

配电用房上空
控制用房上空

下10级@270×150

设备用房

10级@288.89×150

上
15-15级@270×180

±0.000

4600

−1.500

2400

下33级@300×150

2000

无障碍坡道1:10

−0.450

3300
3000
3000
4800

5100 4200 5100
14400

① ② ③ ④

L⌐1

一层平面图 1:200

图 3-36 一层平面图

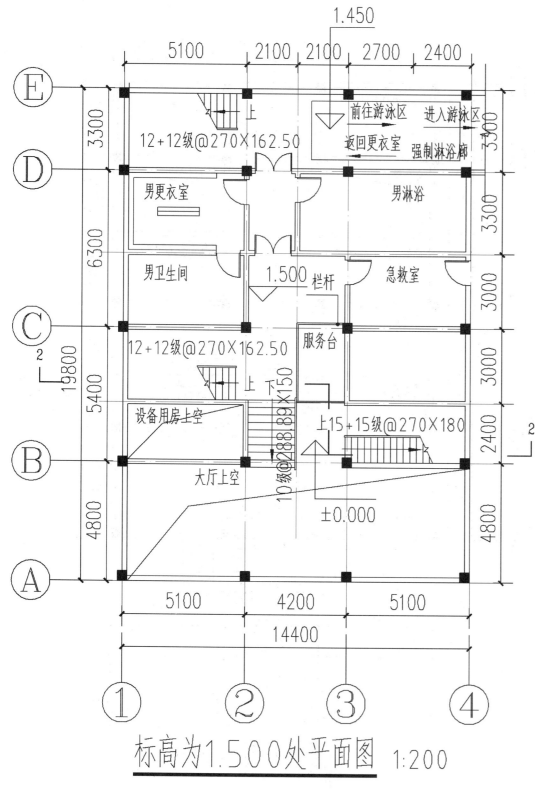

标高为1.500处平面图 1:200

图 3-37 标高为 1.500 处平面图

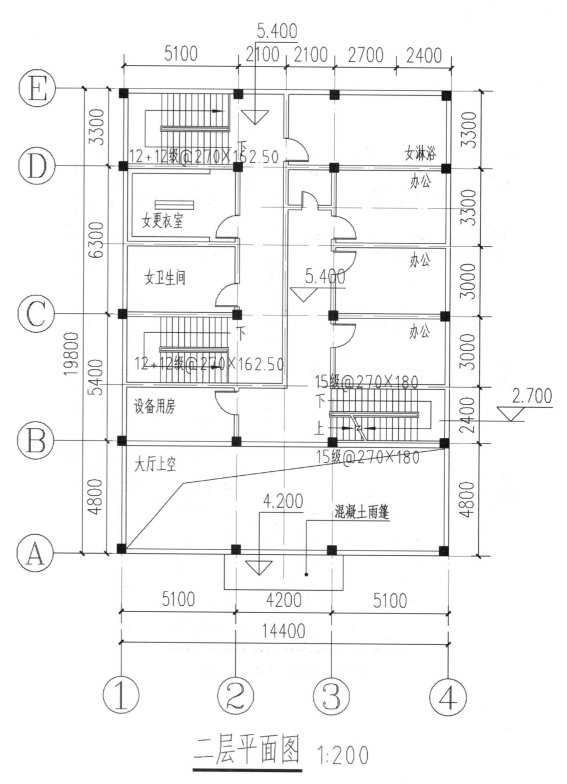

二层平面图 1:200

图 3-38 二层平面图

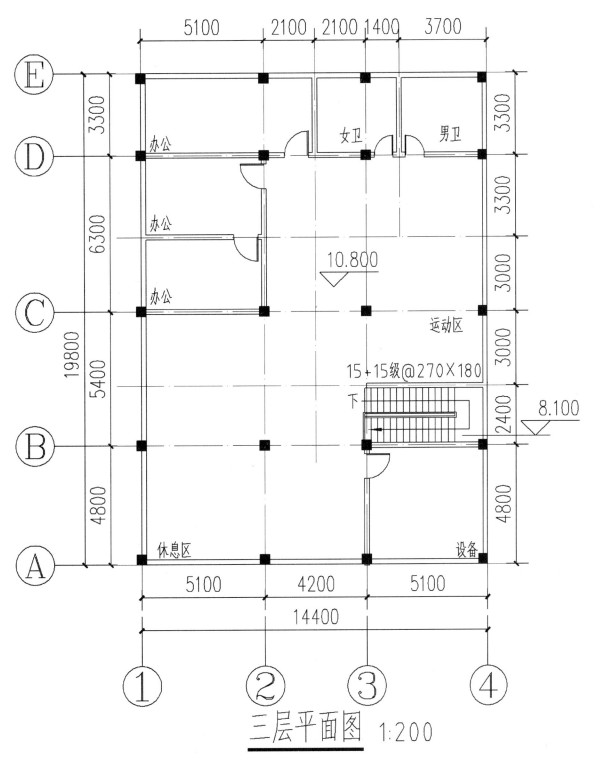

图 3-39　三层平面图

3.2.4　作业 抄绘楼梯间剖面图

附图 11 是某高层住宅楼梯间剖面大样图。请使用 A2 图幅的不透明的绘图纸、铅笔、直尺等工具抄绘这张图。绘图比例为 1∶50，注意在这个比例下，图纸为大样图，要绘制建筑材料的填充图案。另外，请仔细阅读这张图纸，在 1∶50 的绘图比例下，A2 图幅是可以容纳图中所有内容的。

▶ 注意：这张图不是抄绘完就可以了，关键是要通过抄绘去学习。要学习图形的表达、尺寸的标注、各专业的关系。

有关图纸中建筑与结构两专业的关系，应重点关注以下几点。

（1）建筑专业的标高比结构专业的标高高 50 mm。

（2）没有地下室，结构专业图纸从第二层开始（首层没有结构专业图纸）。

（3）屋顶只有结构标高。

（4）集水井底是建筑标高还是结构标高？

第 4 章　建筑体型和立面设计

建筑体型和立面设计着重研究建筑物的体量大小、体型组合、立面构图及细部处理等。它是在内部空间合理的基础上,在物质技术条件的制约下,考虑到建筑与所处环境的协调性,运用不同的材料、结构和构图规律对体型、立面、细部等各个方面进行处理,创造出尽可能完美的建筑形象的过程。

4.1　立面深化设计

建筑平面功能完善之后,根据层高的要求,可以马上生成一个体块式的主体建筑。此建筑虽然能满足使用上的需要,但是达不到艺术效果方面的要求,因此需要对立面进行深化设计。立面深化设计主要是对外檐门窗与细部的设计,本节将介绍常用方法,而具体的设计方法需要读者在掌握常用方法之后,根据建筑的具体情况灵活运用。

4.1.1　外檐门窗及屋顶的设计

本小节将从建筑立面的基本构件入手,进行深化设计。所谓的建筑立面基本构件主要包括门窗、屋顶、女儿墙、檐口、入口台阶及空调栏等。通过对这些基本构件的合理搭配,完善立面基本构图,最终使建筑立面造型更为丰富。下面将根据已知的建筑外轮廓对立面进行深化设计。

(1)绘制门窗。绘制 1800 mm×2000 mm 的矩形窗和 2100 mm×2500 mm 的矩形门,并对其进行尺寸标注,如图 4-1 所示。一定要注意,此时需要绘制完整的门窗,而不是只绘制门窗洞。

(2)绘制入口台阶。绘制踏步宽 300 mm、高 150 mm 的三级台阶,并对其进行尺寸标注,如图 4-2 所示。入口台阶的作用不仅是增加室内外高差,还丰富了建筑的立面层次。

(3)绘制女儿墙及檐口。女儿墙一般在顶层楼板处升高 600 mm,可结合檐口出挑,绘制 400 mm 高的檐口造型,并对其进行尺寸标注,如图 4-3 所示。

(4)绘制坡屋顶。绘制坡度为 30% 的坡屋顶,并对其进行尺寸标注,如图 4-4 所示。一般情况下,坡屋顶的坡度需要根据具体的建筑形体进行设计,坡度以 15%~45% 为宜。

(5)绘制空调栏。绘制 900 mm×2000 mm 的空调栏,并对其进行尺寸标注,如图 4-5 所示。空调栏位置一般设置在窗下,其已经不仅仅是作为功能元素而存在,也是建筑立面上不可或缺的装饰元素。

(6)外轮廓线加粗。根据建筑制图要求,对于建筑立面图需要进行外轮廓线加粗处理,如图 4-6 所示。

4.1.2　立面细部的设计

在 4.1.1 节讲到了如何利用建筑立面基本构件的重构来丰富立面构图,但是从总体效果来看,仅仅利用基本构件还是远远不够的。本小节将使用另一种手法——增加建筑立面装饰性。这种方法可以最大限度地丰富建筑的立面层次,从而使得建筑立面产生"质"的变化——由二维转变到三维。例如改变主要的装饰构件、细部构造(包括马头墙、装饰柱、GRC 线脚)以及立面材质等。

(1)绘制 GRC 线脚。如图 4-7 所示,一般可将线脚设计在窗的四周、层高线处、屋顶处。线脚可增加建筑立面的横向层次感。

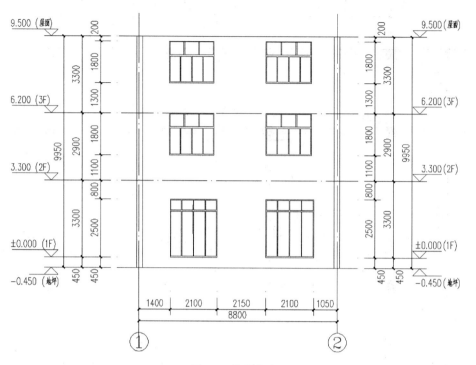

图 4-1　绘制门窗

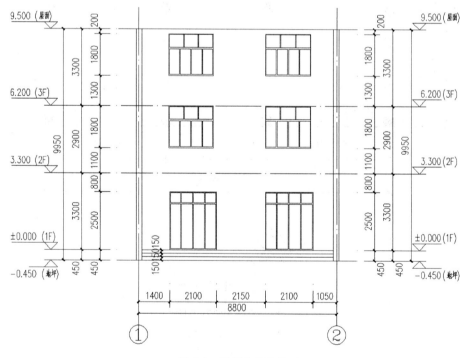

图 4-2　绘制入口台阶

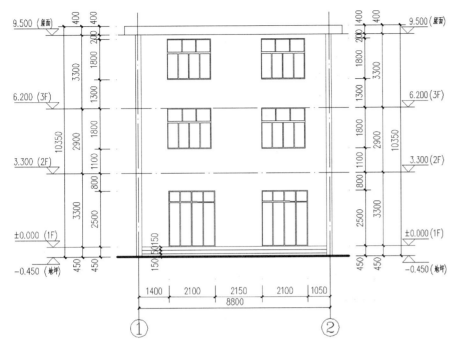

图 4-3 绘制女儿墙及檐口

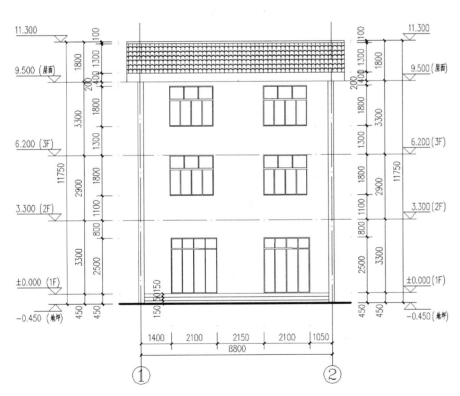

图 4-4 绘制坡屋顶

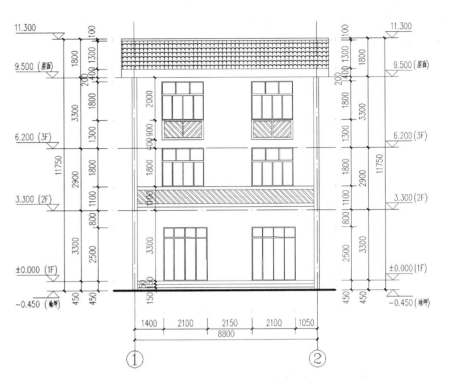

图 4-5 绘制空调栏

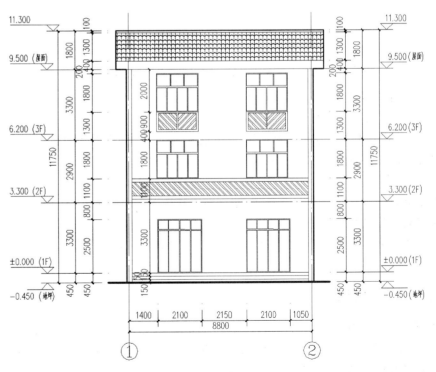

图 4-6 外轮廓线加粗

◉ 注意:GRC 是 glass fiber reinforced concrete 的缩写,中文名称是玻璃纤维增强混凝土。GRC 是一种以耐碱玻璃纤维为增强材料,以水泥砂浆为基体材料的纤维混凝土复合材料,其通过模具造型、纹理、质感与色彩表达设计师的想象力。因为其建造速度快、质轻且不用配筋,所以经常用在外立面造型上。

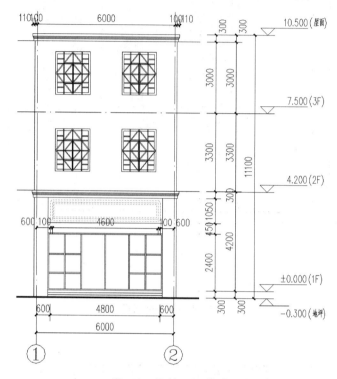

图 4-7　绘制 GRC 线脚

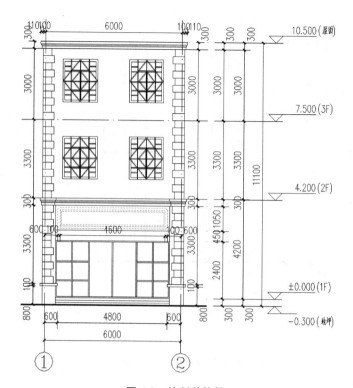

图 4-8　绘制装饰柱

（2）绘制装饰柱。如图 4-8 所示,装饰柱一般根据建筑的具体形体设计,既可采用通高设置,也可采用分段设置。装饰柱可丰富建筑立面的竖向层次感。

（3）绘制门窗套。如图 4-9 所示,门窗套在建筑立面中已经得到了广泛的运用,无论是在现代中式建筑中,还是在欧式新古典建筑中都很常见,主要起到突出门窗造型的作用。

（4）绘制装饰栏杆(栏板)。如图 4-10 所示,一般在阳台和屋顶处设计不同高度的装饰栏杆,根据立面的构图比例确定栏杆高度。

（5）填充建筑立面材质。如图 4-11 所示,根据建筑具体形式选取适当的立面饰面材质,并且在不同的位置也可进行一定的材质变化。

（6）外轮廓线加粗。根据建筑制图要求,对于建筑立面图需要进行外轮廓线加粗处理,如图 4-12 所示。

4.1.3　作业　绘制立面图

图 4-13 是某六层住宅中间层平面图,请根据这幅图,绘制南、北两个方向的立面图。图幅不限,使用拷贝纸作图,图纸比例为 1∶100。住宅的层高为 3000 mm,室内外高差为 450 mm。平屋顶、坡屋顶自选,外立面的门高、窗高、窗台高等自定。

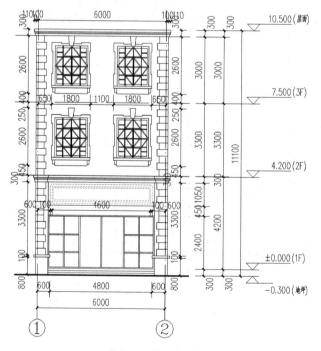

图 4-9　绘制门窗套

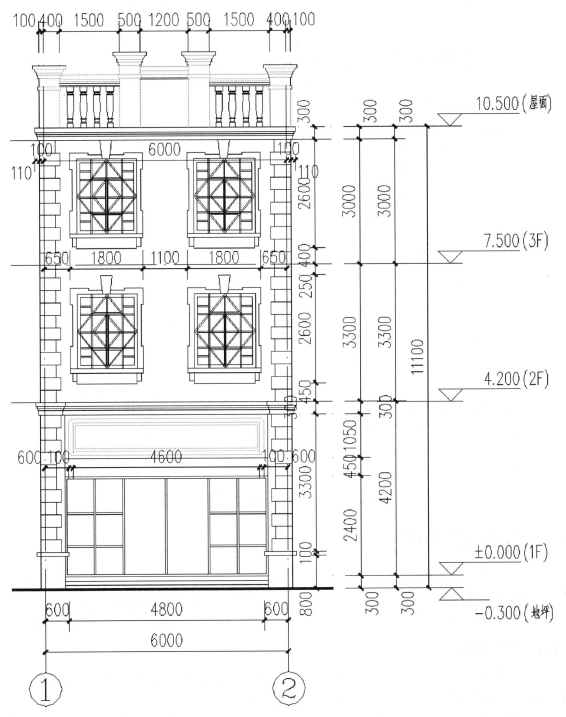

图 4-10　绘制装饰栏杆

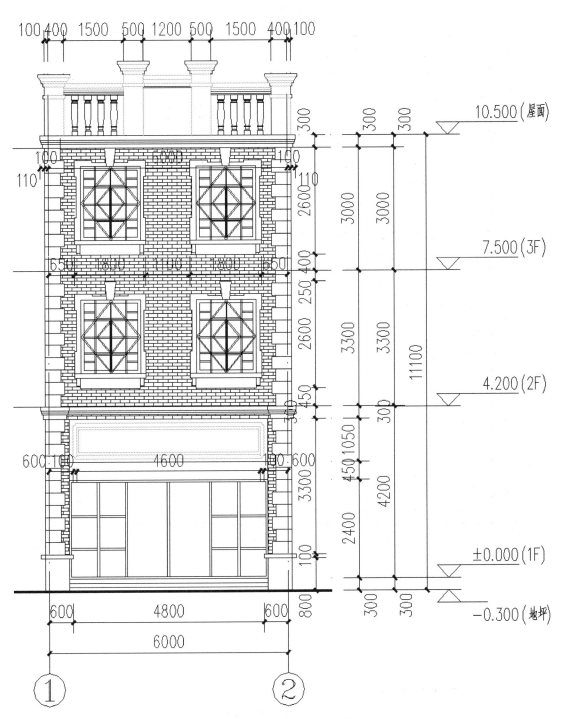

图 4-11　填充建筑立面材质

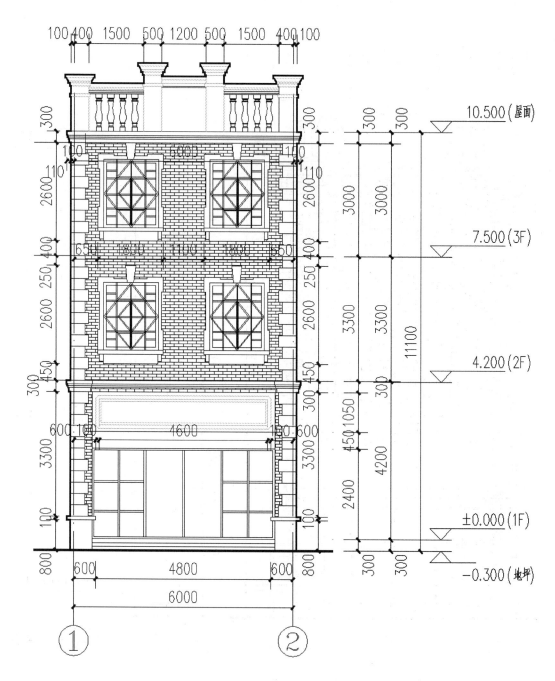

①~②立面图 1:100

图 4-12 外轮廓线加粗

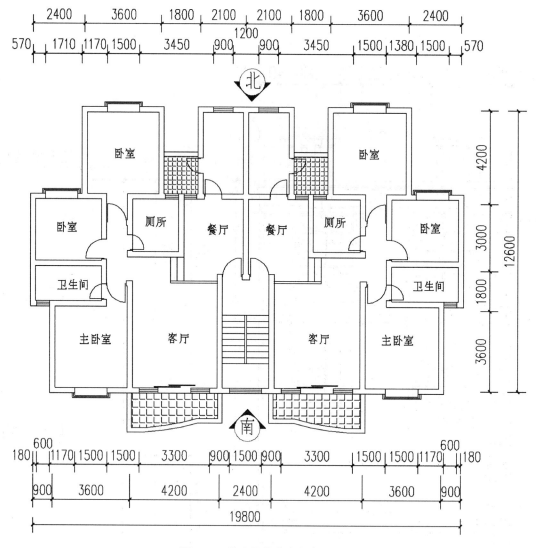

图 4-13 某六层住宅中间层平面图

4.2 门窗立面详图

门窗立面详图主要用以表达对厂家制作的要求,如尺寸、形式、开启方式、标高、注意事项等。同时供土建施工和安装之用。门窗立面详图应当按类别集中顺号绘制,以便不同的厂家分别进行制作。如木门窗与断桥铝门窗一般由两个厂家分别加工制作,其门窗详图根据类别集中绘制比较方便。

4.2.1 门大样图

本小节将以住宅建筑中常用的门 M0921 为例,介绍门大样图的绘制方法。"M"代表门,"09"代表门洞宽 900 mm,"21"代表门洞高 2100 mm,具体绘制方法如下。

(1)绘制洞口。绘制 900 mm×2100 mm 的矩形,并对其进行尺寸标注,如图 4-14 所示。一定要注意,此时绘制的是门的洞口线,而不是门。

(2)绘制门。门与门洞口之间有门框,门框的宽度约为 80 mm,绘制门框,并对其进行尺寸标注,如图 4-15 所示。

（3）绘制门把手。门把手距离地面 1100 mm，可用一个直径为 60 mm 的圆来表示门把手，如图 4-16 所示。

（4）绘制门的开启方向线。此处的门是平开门，用开启方向线表示，而且 M0921 是内檐门，向内开启，因此开启方向线是虚线，如图 4-17 所示。

（5）图名标注。图名由两个部分组成：图名与比例。此处为大样图，因此比例为"1：50"，如图 4-18 所示。

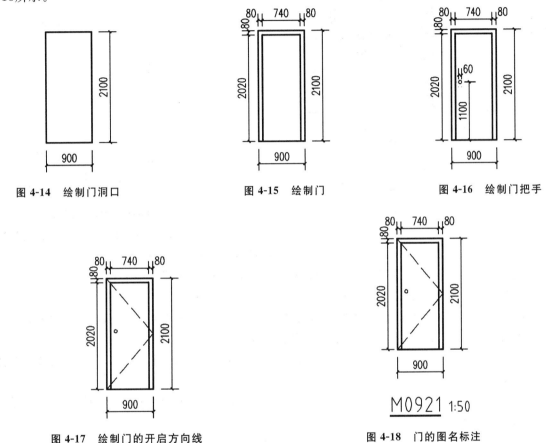

图 4-14　绘制门洞口　　　图 4-15　绘制门　　　图 4-16　绘制门把手

图 4-17　绘制门的开启方向线　　　图 4-18　门的图名标注

4.2.2　窗大样图

本小节将以窗 C1521 为例，介绍窗大样图的绘制方法，"C"代表窗，"15"代表窗洞宽 1500 mm，"21"代表窗洞高 2100 mm。C1521 是双扇推开窗，带亮子，具体绘制方法如下。

（1）绘制洞口。绘制 1500 mm×2100 mm 的矩形，并对其进行尺寸标注，如图 4-19 所示。一定要注意，此时绘制的是窗的洞口线，而不是窗。

（2）绘制窗的分隔。窗框的宽度约为 40 mm，亮子的高度为 600 mm，绘制完成后，对其进行尺寸标注，如图 4-20 所示。

（3）绘制窗的开启方向箭头。此处的窗是推拉窗，用箭头表示开启方向，如图 4-21 所示。注意，亮子是固定扇玻璃，不用绘制开启方向。

（4）标注窗台高。此处窗的窗台高是 900 mm，因此用标高符号标注"H+0.900"，如图 4-22 所示。注意，标高符号以米为单位，"H"代表本层建筑标高。

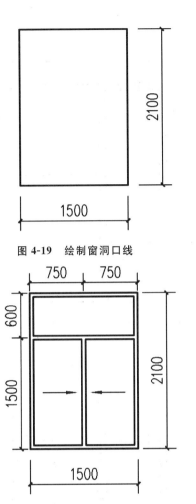

图 4-19　绘制窗洞口线　　　图 4-20　绘制窗的分隔

图 4-21　绘制窗的开启方向箭头　　　图 4-22　标注窗台高

（5）图名标注。图名由两个部分组成：图名与比例。此处为大样图，因此比例为"1：50"，如图 4-23 所示。

4.2.3　门连窗大样图

门连窗是门和窗连在一起的一个整体，一般窗的距地高度加上窗的高度是等于门的高度的，也就是门、窗顶部标高是相同的，俗称门耳窗，也叫门带窗。本小节介绍门连窗 MC2121 的绘制方法，其中"MC"代表门连窗（有时也用"MLC"表示），前面一个"21"代表洞口宽度为 2100 mm，后面一个"21"代表洞口高度为 2100 mm。

（1）绘制门连窗洞口。门连窗的洞口由门洞与窗洞两个洞口组合而成，绘制 900 mm×2100 mm 的矩形门洞，绘制 1200 mm×1200 mm 的矩形窗洞，如图 4-24 所示。

C1521　1：50

图 4-23　窗的图名标注

（2）绘制门。门与门洞口之间有门框，门框的宽度约为 80 mm，绘制门框，并对其进行尺寸标注，如图 4-25 所示。

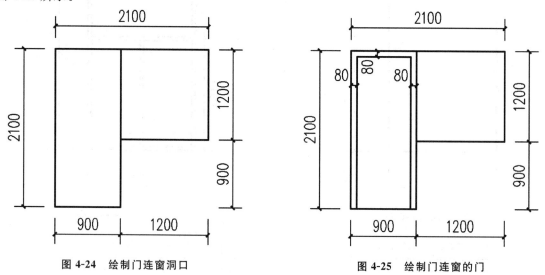

图 4-24　绘制门连窗洞口　　　　图 4-25　绘制门连窗的门

（3）绘制窗的分隔。窗框的宽度约为 40 mm，此处的窗没有亮子，绘制完后，对分隔进行尺寸标注，如图 4-26 所示。

（4）绘制窗的开启方向箭头。此处的窗是推拉窗，用箭头表示开启方向，如图 4-27 所示。注意箭头应绘制在窗的中间部位。

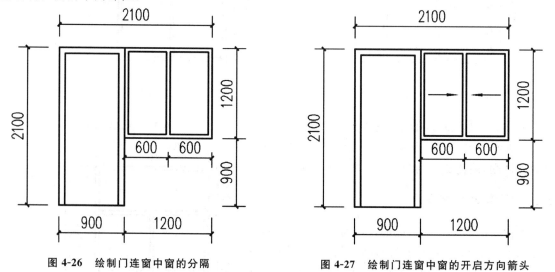

图 4-26　绘制门连窗中窗的分隔　　　　图 4-27　绘制门连窗中窗的开启方向箭头

（5）图名标注。图名由两个部分组成：图名与比例。此处为大样图，因此比例为"1∶50"，再加上门的开启方向线及门把手，如图 4-28 所示。

▶注意：这个门连窗中的门是平开门，且向内开启，所以开启方向线用虚线来表示。

4.2.4　幕墙大样图

鉴于玻璃幕墙在使用功能和美观上的独特要求，其在形式、性能、结构、材料、构造、制作、安装等方面要比一般门窗复杂且严格很多。因而必须由专门厂家进行设计、制作和安装。但是建筑师应提出最基本的幕墙立面分隔要求，以配合专业厂家的设计工作。

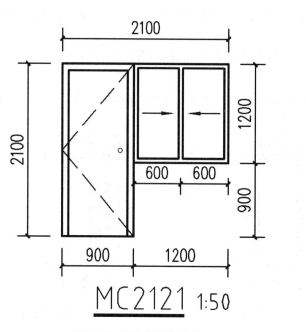

MC2121 1:50

图 4-28　门连窗图名标注

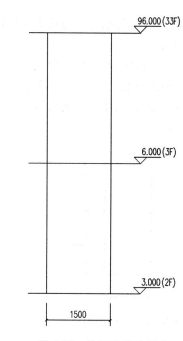

图 4-29　绘制楼层的尺寸

本小节将以一栋高层住宅的 MQ15930 玻璃幕墙为例，介绍幕墙立面图的绘制方法。其中，"MQ"代表幕墙，"15"代表幕墙宽为 1500 mm，"930"代表幕墙高为 93000 mm。

（1）绘制尺寸。与普通门窗都在建筑的同一层不同，幕墙往往要跨越楼层，本例的 MQ15930 玻璃幕墙就要穿过 32 层楼，因此应先绘制楼层的尺寸，如图 4-29 所示。

（2）绘制双折断线。这栋高层住宅楼的层高是 3000 mm，每一层的幕墙分隔都是一样的，因此可以绘制双折断线表示因为有重复的内容而省略，如图 4-30 所示。

（3）绘制幕墙分隔。玻璃幕墙是由一块块玻璃组成的，同样需要绘制其分隔线，包括可以开启的幕墙嵌板，如图 4-31 所示。

（4）绘制幕墙嵌板开启方向。幕墙嵌板的开启方向一般都是平开，而且是向外开启，因此开启线是实线，如图 4-32 所示。

（5）图名标注。图名由两个部分组成：图名与比例。此处为大样图，因此比例为"1∶50"，如图 4-33所示。

4.2.5　门窗表

门窗表是一个建筑项目中所有门窗的汇总与索引，目的在于方便土建施工、厂家制作、材料准备和工程算量。门窗表由类别、设计编号、洞口尺寸、樘数、距本层楼地面高度、使用图集、备注等几项组成。

门窗表的备注栏中一般书写以下内容。

（1）参照、选用、标注门窗时，注写变化更改的内容。

（2）进一步说明门窗的特征。如同为木门，但可分为平开门和推拉门；同为人防门，但可分为防爆活门、防爆密闭门。

（3）对材料或配件有其他要求者。如同为甲级防火门，但要求为木质；同为断桥铝门，但要求为纱门。

（4）不便在图纸上表达的内容。如设有门坎、高窗顶到结构梁底等。

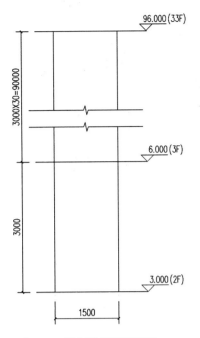

图 4-30　绘制楼层双折断线

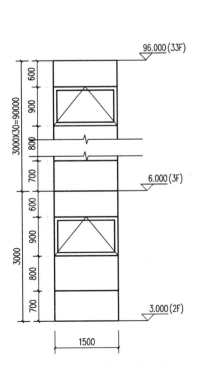

图 4-32　绘制幕墙嵌板开启方向

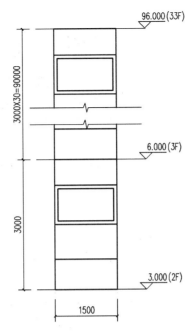

图 4-31　绘制幕墙分隔

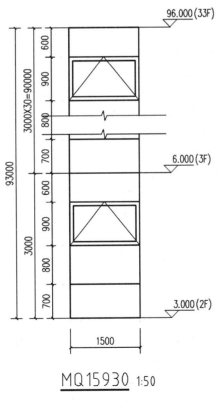

MQ15930 1:50

图 4-33　幕墙图名标注

表 4-1 为某别墅的门窗表,详细列举了整个建筑项目中的门窗情况。

表 4-1　门窗表

类　　别	设计编号	洞口尺寸		樘 数	距本层标高/mm	使 用 图 集			备　　注
		宽/mm	高/mm			图集名	页次	编号	
窗	C0818	800	1800	5	900	02J603—1	187	1	铝合金平开窗
	C0821	800	2100	2	300	02J603—1	187	2	
	C0824	800	2400	2	300	02J603—1	187	3	
	C0833	800	3300	4	100	02J603—1	187	4	
	C1216	1200	1600	1	900	02J603—1	187	5	
	C0823	800	2300	2	200				塑钢固定窗
	C2823	2800	2300	1	200				
	C4023	4000	2300	1	200				
	C1511	1500	1150	1					塑钢推拉窗
	C1513	1500	1350	1	100				
	C1514	1500	1450	1					
	C1515	1500	1550	1	100				
	C1523	1500	2300	1	900				
	C1524	1500	2400	1	300				塑钢推拉窗带固定扇
	C1526	1500	2600	1					
	C1824	1800	2400	1	300				
门连窗	MC4034	4000	3400	1					塑钢门连窗
门	FHM1021甲	1000	2100	1					甲级防火门
	FDM1826	1800	2600	3					防盗门
	J0821	800	2100	5		16J601	11	PJM01—0821A	木夹板门
	J0921	900	2100	5		16J601	11	PJM01—0921A	
	J1221	1200	2100	1		16J601	11	PJM01—1221A	
	TLM0821	800	2100	1					塑钢推拉门
	TLM1821	1800	2100	1					
	TLM2721	2700	2100	1					
	TLM2726	2700	2600	3					
	JLM5430	5400	3000	1					卷帘门

4.2.6　作业　绘制门窗大样图

附图 12～附图 19 是某别墅的建筑施工图,请根据图纸及门窗表的内容,绘制出整个建筑项目的门窗大样图。

图幅自定,图纸比例为 1∶50,具体绘图的要求详见本节介绍。请使用铅笔或绘图笔及拷贝纸等绘图。

第 5 章　建筑在总平面中的布置

总平面布置又叫场地设计，主要是针对基地现有状况，分析各种规划和控制线对基地的要求，分析建筑防火间距、日照间距、通风间距之间的关系，分析建筑和保护建筑等之间的关系。这类设计往往被读者忽视，因为房屋建筑学的重点在单体建筑上，而不在建筑与环境、建筑与建筑的关系上。读者一定要认识到，如果总平面布置有问题，做再好的单体建筑也没有任何意义。由于本章涉及建筑室外的总平面图，图中标注均以米为单位。

5.1　停车场设计

在大型公共建筑、重要机关单位门前以及公共汽车、轨道交通的重要站点处均应布置有适当容量的停车场。人流、车流量大的公共活动广场、集散广场宜按分区就近原则，适当分散安排停车场。对于商业文化街和商业步行街，可适当集中安排停车场。

停车场设计应有效利用场地，合理安排停车区及通道，便于车辆进出，满足防火安全要求，并留出布置附属设施的位置。

5.1.1　设计任务

某城市拟新建室外停车场，基地平面图如图 5-1 所示。

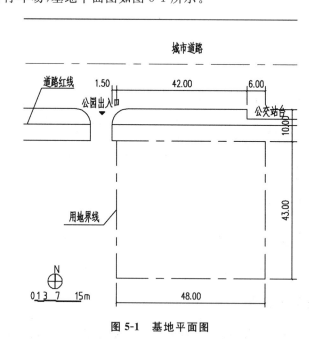

图 5-1　基地平面图

1. 设计条件

（1）要求在用地范围内尽可能多地布置停车位，停车位与管理用房布置图如图 5-2 所示。停车场内车行道宽度大于或等于 7 m，要求车道贯通，一律采用垂直式停车方式。

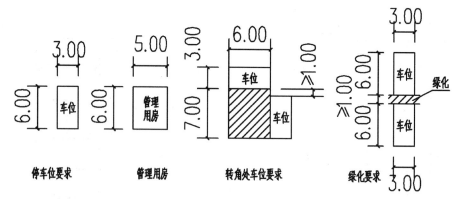

图 5-2　停车位与管理用房布置图

（2）沿用地周边至少留出 2 m 宽的绿化带。

（3）停车场内设置管理用房，平面尺寸为 5 m×6 m，设在入口处。

（4）出入口设置在场地北侧并满足《民用建筑设计统一标准》（GB 50352—2019）的要求。

2. 任务要求

（1）绘出停车场平面布置及通向城市道路的出入口（出入口宽度大于或等于 7 m）。

（2）标明各停车带的停车位数量，标注其相关尺寸（可不绘车位线）。

（3）标明总停车位数量。

5.1.2　设计思路

根据相关规范的要求，估算出总停车位数量，然后计算停车场出入口的个数，再布置相关配套用房，具体方法如下。

（1）确定出入口个数。

先估算总的停车位数量，根据总的停车位数量确定出入口的个数。可按照每辆车所需停车面积 47 m²，得出场地大致的停车位数量。

本例中，停车场总面积为 48 m×43 m＝2064 m²，2064 m²÷47 m²/辆≈44 辆＜50 辆，所以停车场只需设置一个出入口。

（2）确定出入口位置。

按照要求绘制出基地四周 2 m 宽的绿化带。根据规范要求，基地机动车出入口位置距公园、学校、儿童及残疾人使用的建筑的出入口不应小于 20 m；距地铁出入口、公交站台边缘不应小于 15 m。停车场出入口宽度尺寸为 7 m，所以本例停车场出入口只能设在场地北侧中央，距离用地西侧界线 20 m 的位置，如图 5-3 所示。

（3）确定停车带的位置。

本例中场地宽度为 43 m，接近 42 m（21 m×2＝42 m），应选择双面停车带的布置方式，可布置两组。停车带东西向布置 4 排，车行道东西布置 2 道。为按最大数量布置停车位，应选择环通式行车道，东、西两侧分别布置垂直停车位。结果如图 5-4 所示。

（4）布置管理用房。

管理用房应布置在停车场出入口附近，方便管理人员管理和收费。本例可将其布置在停车场的北侧出入口旁边。管理用房尺寸为 5 m×6 m，如图 5-5 所示。

（5）计算停车位数。

根据场地尺寸，可以计算出每一处停车带的停车位数量及停车位总数。如图 5-6 所示，场地北

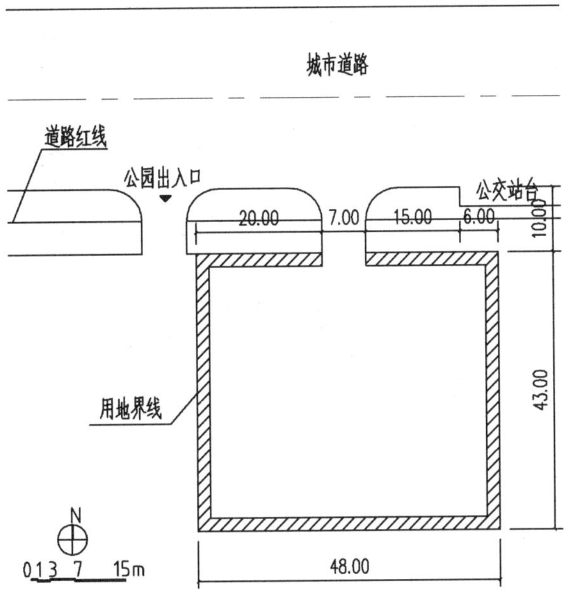

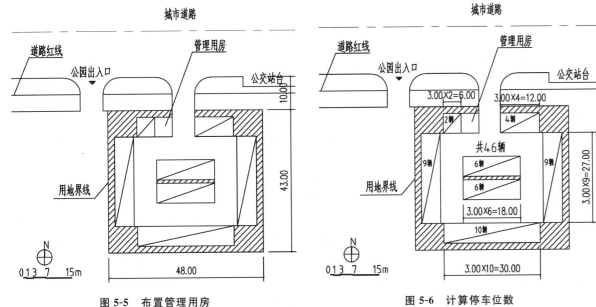

图 5-3 确定出入口位置

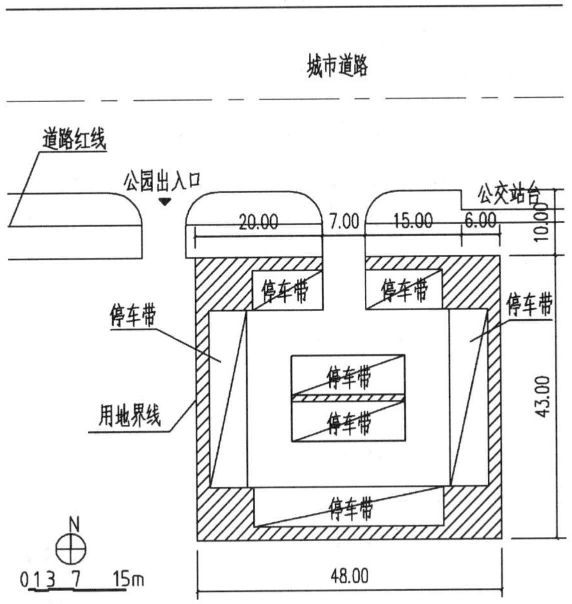

图 5-4 确定停车带的位置

图 5-5 布置管理用房

图 5-6 计算停车位数

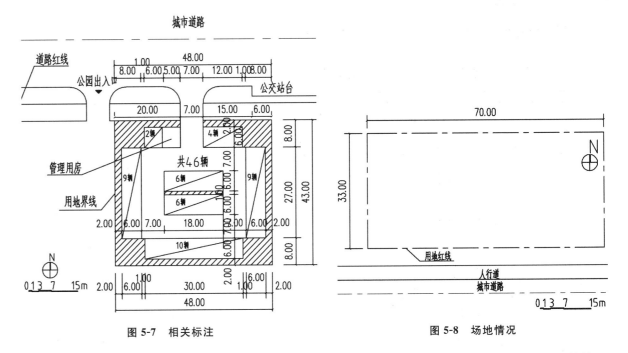

图 5-7 相关标注

图 5-8 场地情况

可停车 6 辆,南侧可停车 10 辆,西侧可停车 9 辆,东侧可停车 9 辆,中间可停车 12 辆,停车位总数为 46。

（6）标注相关尺寸、出入口位置及每处停车带的停车位数量和停车位总数,如图 5-7 所示。

5.1.3 作业 停车场设计

某城市拟建一处停车场,场地南侧靠近城市道路,具体场地情况如图 5-8 所示。具体要求如下。

（1）垂直式停车位尺寸为 6 m×3 m,其中布置四个残疾人停车位,一侧应设置 1.5 m 宽的轮椅通道(也可两个车位共用一条轮椅通道),平行式停车位尺寸为 3 m×8 m。

（2）沿用地红线内侧布置 2 m 宽的绿化带,用地转角处也应布置停车位,两车车尾相对布置,中间设置 1 m 宽的绿化带。

（3）出入口设置一个尺寸为 5 m×5 m 的管理室,如图 5-9 所示。

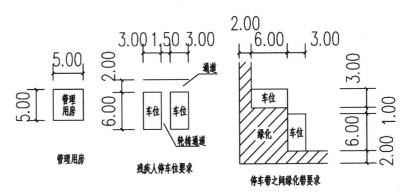

图 5-9 停车位与管理用房布置图

请用适当的比例,使用拷贝纸设计作图。

5.2 总平面布置

总平面布置又叫场地规划设计,主要是针对基地进行建筑及设施的总体布局,布局过程中要综合考虑建筑之间的防火要求、日照要求、通风要求等,确定基地的主要出入口及次要出入口的位置,对基地内的交通进行组织,设置消防通道等,最后形成完整的总平面图。

5.2.1 设计任务

某居住用地及周边环境如图 5-10 所示,用地面积为 1.8 hm²。

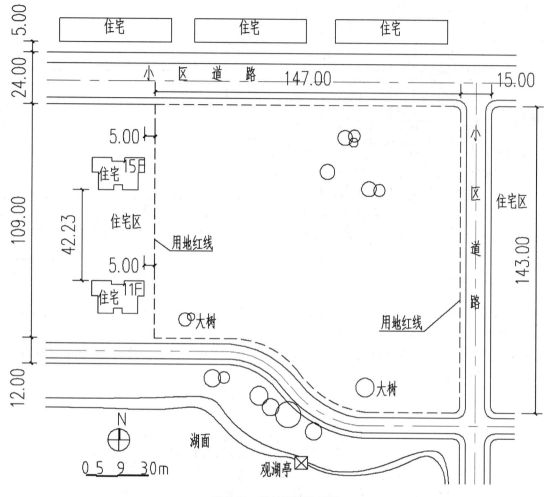

图 5-10 基地及周边环境

1. 设计条件

(1) 用地内拟布置住宅若干栋及会所一栋,住宅应在 A、B、C、D 四个户型中选用各建筑平面形状、尺寸、高度、面积,如图 5-11 所示。

(2) 建筑物应南北向布置,D 型住宅不得少于两栋并且应临湖滨路,会所应临街并靠近小区主出入口。

(3) 设计应符合国家有关规范的要求。

2. 规划要求

(1) 该地块容积率不大于 2.0。

(2) 建筑物退用地红线:沿湖滨路不小于 10 m,其他均不小于 5 m。

(3) 应设置面积不小于 100 m² 的集中绿地,保留场中的大树。

(4) 当地住宅的日照间距系数为 1.1。

(5) 沿用地北侧道路布置的住宅的底层应为商铺,商铺层高为 4.00 m(建筑总高度应增加 1 m)。

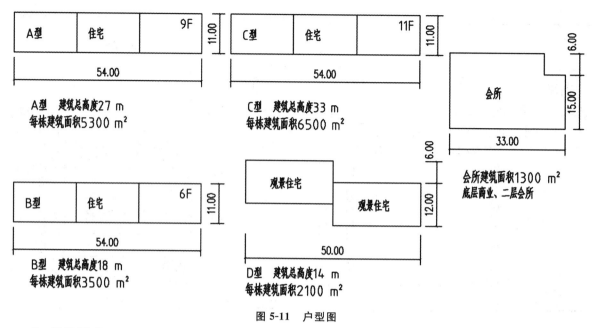

图 5-11 户型图

3. 任务要求

(1) 设计满足设计要求、容积率最大的方案。

(2) 绘制总平面图,画出建筑物、道路、绿地,注明各建筑物的名称。

(3) 注明小区主出入口并用▲表示。

(4) 标注满足日照、防火、退界等要求的相关尺寸。

5.2.2 设计思路

在单体建筑已经确定的情况下,此时的设计为规划设计,要注重从总体上把握。这里也只是提供一种思路,并不是唯一的方法,具体操作上还需要读者根据项目特点及自己的习惯进行。

(1) 确定退界线。按照要求,基地西侧、北侧及东侧分别退用地红线 5 m,南侧即沿湖滨路一侧退用地红线 10 m。

(2) 确定住宅小区出入口。基地南侧为湖滨,不适宜设置机动车出入口,可以在这一侧设置一处人行出入口,方便小区业主到湖边散步游玩。西侧是住宅小区,没有道路,也不能布置出入口,只有基地北侧和东侧可以考虑设置出入口。小区规模不大,按照住宅南北向排列的方式,根据每栋住宅的长度判断,只能布置两列住宅,那么将出入口布置在北侧更为合适,这样道路可以从两列住宅建筑的中间通过,不会对建筑正面产生影响。如果设在东侧,小区主路必须经过建筑的正面,相对来说会有一些不利因素。另外主入口设在北侧,主路也相应南北向设置,正好对着湖滨,对景效果良好,考虑小区景观环境,将主路设计成与湖滨景色呼应的景观道路为更佳选择。

(3) 规划会所的位置。由于要求会所临街并靠近小区主出入口,把会所布置在小区东北角比较合适,这个位置附近有很多需要保护的古树,布置住宅空间不够,而会所尺寸恰好吻合,因此可把会所布置在古树围合的环境中,与古树相映成趣,为业主提供良好的室内外活动空间。

(4) 规划观景住宅的位置。小区中景色最好的位置当然是靠近湖滨的地方,观景住宅一定要布置在沿湖滨的位置,而且观景住宅只有 14 m 高,遮挡少,因此布置在南侧也是合情合理的。

(5) 规划其他住宅的位置。按照日照间距的要求控制距离(下列为建筑对其北侧建筑的日照影响距离)。

观景住宅的日照间距:14 m×1.1=15.4 m;

6 层住宅的日照间距:18 m×1.1=19.8 m;

9 层住宅的日照间距:27 m×1.1=29.7 m;

11 层住宅的日照间距:(33 m+1 m)×1.1=37.4 m。沿用地北侧道路布置的住宅的底层为商铺,商铺层高为 4.00 m,建筑总高度应增加 1 m。

(6)住宅的布局。

为了使小区能够得到最大容积率,就要布置尽量多的高层住宅。另外为了使建筑减少相互之间的遮挡,应该尽量把高层建筑布置在北侧。

先来规划基地西侧部分,首先将 11 层住宅布置在基地北侧,这里需要注意的是,11 层住宅虽然是在本基地的最北侧,但其仍然会对北侧另一个小区的已建住宅产生影响,所以要将日照间距预留出来,也就是说,与北侧住宅的间距必须保持大于 37.4 m,因此距离北侧用地红线 10 m 来布置 11 层住宅,如图 5-12 所示。那么接下来就是要看观景住宅和 11 层住宅之间能布置几层的住宅建筑,先来算一下观景住宅与 11 层住宅的距离有多少:109 m-10 m-11 m-18 m-11 m=59 m,59 m 是观景住宅和 11 层住宅的距离,再减掉要布置的住宅本身的进深 11 m,再减掉观景住宅的日照间距 15.4 m,即得 59 m-11 m-15.4 m=32.6 m。由此可以判断,9 层住宅布置在这里最合适,如图 5-13 所示。

5.2.3　计算与作图

在 5.2.2 中已经完成了方案的大体布局,这里开始进行计算与作图。主要是算防火间距与容积率,并且完善最后的总平面图。

(1)验证防火间距。各住宅南北向之间的间距从日照间距的控制要求中可以看出,最小日照间距为 15.4 m,大于防火规范中高层建筑之间的防火间距要求 13 m,因此满足防火间距的要求。特别需要注意的是基地西侧紧邻住宅小区,没有道路相隔,那么与西侧小区的住宅间距是不是满足要求呢?这是容易忽视的地方。从图 5-13 可以看出,观景住宅与西侧 11 层住宅的间距为 10 m,由《建筑设计防火规范》(GB 50016—2014)可知,观景住宅与 11 层高层住宅的防火间距不得小于 9 m,因此满足要求。本基地 11 层住宅与西侧 15 层住宅的间距也为 10 m,由《建筑设计防火规范》(GB 50016—2014)可知,11 层住宅与 15 层高层住宅的防火间距不得小于 13 m,因此不满足要求,应该将其间距改为 13 m,即 11 层住宅距离西侧用地红线 8 m,如图 5-14 所示。

(2)交通组织。小区主要道路从北侧入口开始,延续到南侧尽端,主路分出支路通达每栋住宅建筑的入口,形成完整的道路系统,不仅满足小区内部人员的使用需求,而且满足防火规范的要求。

(3)古树保护。基地中有多处需要保护的古树,因此在做规划设计时不仅要充分考虑对其的保护退让,还要尽量将其利用好,转化为小区的景观因素,创造更好的居住环境。

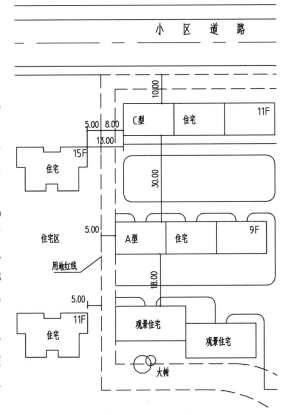

图 5-14　验证防火间距

(4)容积率计算。

先计算建筑面积,根据题目提供的每栋单体建筑的面积可知:

观景住宅:2100 m²×2=4200 m²;

6 层住宅:3500 m²×1=3500 m²;

9 层住宅:5300 m²×1=5300 m²;

11 层住宅:6500 m²×2=13000 m²;

会所:1300 m²×1=1300 m²;

总建筑面积:4200 m²+3500 m²+5300 m²+13000 m²+1300 m²=27300 m²;

总用地面积为 1.8 hm²,即 18000 m²;

容积率:27300/18000≈1.52。

(5)标注。标明各建筑物的名称,注明小区主出入口并用▲表示。标注满足日照、防火、退界等要求的相关尺寸,如附图 20 所示。

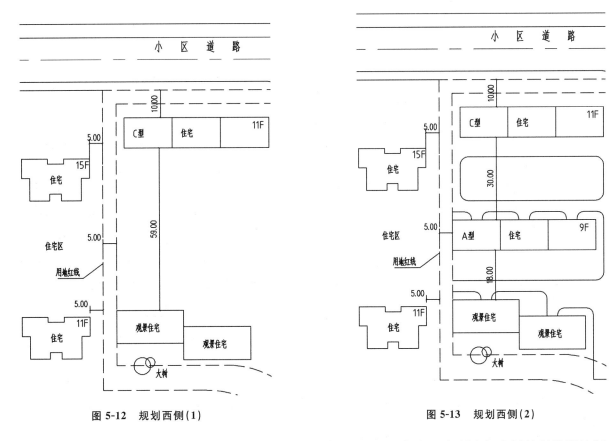

图 5-12　规划西侧(1)　　　　图 5-13　规划西侧(2)

以同样的方法可以判断东侧住宅的规划布置,需要注意 11 层住宅和会所之间古树的保护退让问题。东侧应该从南到北依次排列观景住宅、6 层住宅、11 层住宅、会所。

5.2.4 作业 总平面设计

某城市拟在名人故居的西侧修建一座艺术馆,用地北侧有一座古亭,南侧为城市道路,道路以南为湖滨公园,用地规整,如图 5-15 所示。

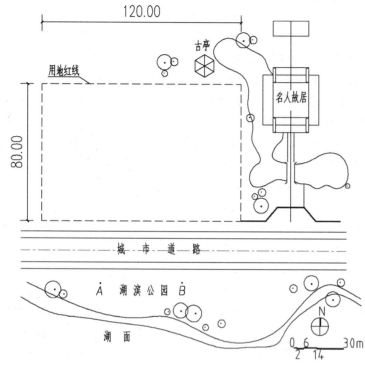

图 5-15 基地及周边情况

艺术馆包括陈列厅、研究所、库房、茶室、室外展场、停车场等。各项目层数及尺寸如图 5-16 所示。

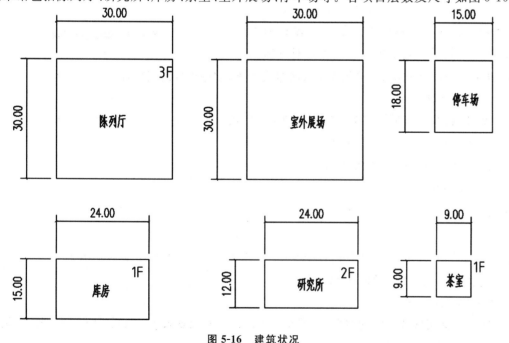

图 5-16 建筑状况

规划设计要求:用地界线后退 5 m 范围内不得安排建筑物及展场,沿湖 A 点至 B 点观看古亭的视线不受遮挡,满足连续参观艺术馆和名人故居两个景点的要求,结合环境留出不小于 90 m² 的供观众休息使用的集中绿地。

请以适当比例,使用拷贝纸设计作图。

5.3 总平面断面设计

总平面断面设计的重点不在于断面图绘制,而在于总平面布局。总平面断面设计是以断面的表达方式体现总平面设计的一种方法,主要涉及各种规划控制线对基础的要求、建筑之间的防火间距与日照间距的关系、新建建筑与已有建筑的关系等。

5.3.1 设计任务

某区域总平面的断面图如图 5-17 所示,南侧为已建 10 层住宅楼,北侧为已建 6 层办公楼,拟在两栋已建建筑之间建造一栋建筑物,拟建建筑的剖面如图 5-18 所示。

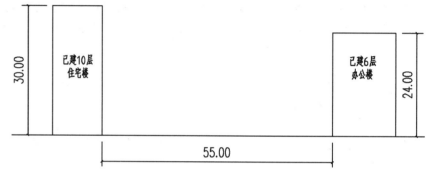

图 5-17 某区域总平面的断面图

(1)已建及拟建建筑物均为等长的条形建筑物,其朝向均为正南北向,耐火等级为二级。

(2)拟建建筑的 1~2 层为商场,3~7 层为住宅。

(3)当地日照间距系数为 1.5。

(4)要求在满足日照及防火的条件下,在总平面断面上布置拟建建筑。

(5)在场地断面上分别绘制两种布置方案。方案一中使拟建建筑距离南侧高层住宅最近。方案二中使拟建建筑距离南侧高层住宅最远。

(6)标注拟建建筑与已建建筑之间的相关间距。

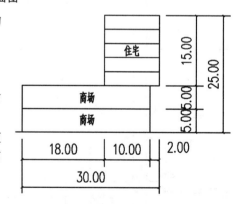

图 5-18 拟建建筑的剖面

5.3.2 设计思路

先要明确的是,拟建建筑的 1~2 层为商场,3~7 层为住宅。说明此建筑为商住楼,属于公共建筑。而公共建筑是按建筑高度来划分是否为高层建筑的,拟建建筑高度为 25 m,大于 24 m,因此判定其为高层建筑。

1. 方案一:使拟建建筑距离南侧高层住宅最近

(1)拟建建筑与南侧高层住宅的防火间距。根据《建筑设计防火规范》(GB 50016—2014)可知:高层建筑之间的防火间距为 13 m,高层建筑与裙房的防火间距为 9 m,拟建建筑的商场可视为裙房,所以应使拟建建筑距南侧已建高层住宅 9 m。

（2）当地日照间距系数为 1.5，因为拟建建筑的 1～2 层商场没有日照的强制要求，只需考虑拟建建筑住宅部分的日照要求。已建 10 层住宅与 1～2 层商场的高差为遮挡高度，因此，遮挡高度 $H=(30-10)\text{m}=20$ m，拟建建筑住宅部分距已建南侧住宅楼的距离为

$$D(\text{拟建建筑住宅距南侧住宅楼的日照间距})=H\times L=20\text{ m}\times1.5=30\text{ m}$$

综合以上分析，此处必须满足 30 m 的日照间距，因此应使拟建建筑住宅部分距离南侧住宅 30 m，可以满足拟建建筑距离南侧高层住宅最近的要求。且 1～2 层商场距离南侧住宅 12 m，如图 5-19 所示。

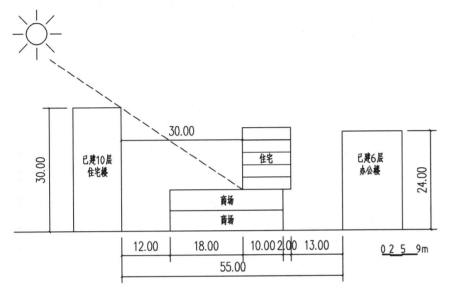

图 5-19　方案一

2．方案二：使拟建建筑距离南侧高层住宅最远

使拟建建筑距离南侧高层住宅最远，即相当于使其距离北侧办公楼最近。北侧办公楼没有日照的强制要求，因此只考虑其防火间距就可以了。

根据《建筑设计防火规范》（GB 50016—2014）可知，拟建高层建筑与多层办公楼建筑的防火间距为 9 m，因此应使拟建建筑住宅部分距离北侧已建办公楼 9 m，可以满足拟建建筑距离北侧已建办公楼最近的要求，如图 5-20 所示。

5.3.3　作业　总平面断面设计

沿某正南北方向的总平面进行断面设计，如图 5-21 所示。请选用适当比例，用拷贝纸作图。

（1）在保留建筑与已建商住楼之间的场地上拟建住宅楼、商住楼各一栋，其剖面图及局部尺寸如图 5-22 所示。

（2）商住楼 1～2 层为商用，层高为 4.50 m；住宅楼层高均为 3.00 m。

（3）规划要求该地段建筑限高为 45.00 m，拟建建筑后退道路红线不小于 15.00 m。

（4）保留、已建、拟建建筑均为条形建筑，正南北向布置。耐火等级：多层建筑为二级、高层建筑为一级。

（5）当地住宅建筑的日照间距系数为 1.5。

（6）应满足国家有关规范要求。

（7）根据设计条件在场地剖面图上绘制出拟建建筑物，要求拟建建筑的建设规模最大。

（8）标注各建筑物之间及建筑物与道路红线之间的距离，标注建筑层数及高度。

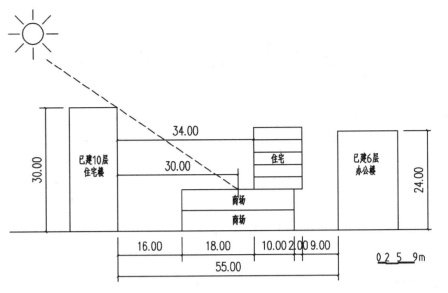

图 5-20　方案二

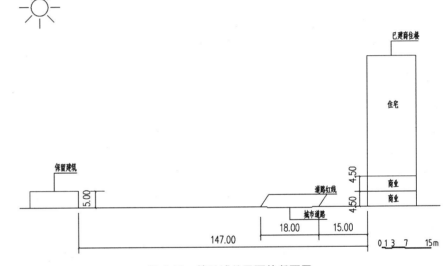

图 5-21　某区域总平面的断面图

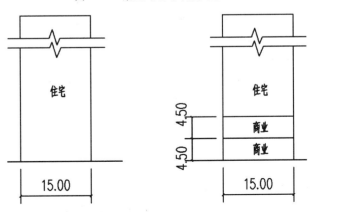

图 5-22　建筑的剖面图

第6章 结构设计

人们所居住的住宅,购物的商场、超市,观看体育比赛的场馆,学校里面的教学楼、试验楼,无论功能是简单还是复杂,都包含基础、梁、板、柱、屋盖等结构构件。这些构件组成房屋的骨架,承受着各种外部作用(如荷载、温度变化、沉降不均匀等),这种骨架就是房屋的结构。房屋的结构由结构专业的工程师进行设计,虽然建筑与结构专业是分工绘图的,但是两个专业之间同样需要协同、沟通、参照等。

本章以一栋六层的一梯两户住宅楼为例,介绍对照建筑方案图进行结构设计的一般流程。结构类型选用常见的框架结构,基础采用阶梯式独立基础。此处只介绍大致的方法,具体的结构运算、验算、调整、归并等,将在高年级的课程中学习。

6.1 结构布置

本节介绍使用经验数据依据建筑方案布置框架结构体系中的结构构件,如框架柱、框架梁、次梁、独立基础等。本节也仅介绍如何布置构件,具体如何绘制结构设计图将在下一节详细说明。因受篇幅限制,本书将不介绍楼板的设计,请读者朋友参看其他相关书籍。

6.1.1 布置框架柱

框架柱在框架结构中承受梁和板传来的荷载,并将荷载传给基础,是主要的竖向受力构件。框架柱的类型有很多种,在房屋建筑中,框架结构及框架剪力墙结构中最为常见的是矩形框架柱,其次是圆形框架柱。

(1)分析建筑平面方案。如图 6-1 所示的中间层建筑方案平面图是由建筑专业绘制的,图形中只简单表达了墙体分隔、房间尺寸、房间功能(包括家具布置)、交通流线等,这些内容是提供给结构专业的设计资料,简称"提资"。只有在布置到一定程度时,结构专业才会将自己的设计资料提供给建筑专业,这叫"反提资",然后建筑专业才能深化施工图。

(2)布置框架柱。在初步结构设计时,框架柱的尺寸一般根据经验设定,本例由于是六层框架结构,属于多层住宅建筑的类型,因此使用 400 mm×400 mm 的矩形框架柱,布置好后如图 6-2 所示。注意,本例采用完全对称式的平面布局,对称轴在图中①处,因此只用设计左侧一半就行了,待全部结构构件布置好后,使用镜像命令完成整个图形。框架柱布置还需要注意这几个原则:在建筑的墙角处布置(图中②所在的位置);在墙与墙相交的位置布置(图中③所在的位置);在楼梯间的位置布置(图中④所在的位置);要保证框架柱布置在一条直线上,能形成一根连续梁(图中⑤所在的位置)。

框架柱不是一次就能布置成功的,在全部结构构件布置好后,要进行验算,主要是计算轴压比。如果轴压比超标了,需要增加框架柱的截面尺寸或更改其位置。

6.1.2 布置梁

着力点在框架柱上的梁称为框架梁,简称框梁,用 KL 表示;着力点在梁上的梁称为次梁,用 L 表示。框架梁要参与抗震计算,次梁则起联系作用。在结构设计中,一般根据框架柱的位置,先布置 x 方向的框架梁,再布置 y 方向的框架梁,最后布置次梁。

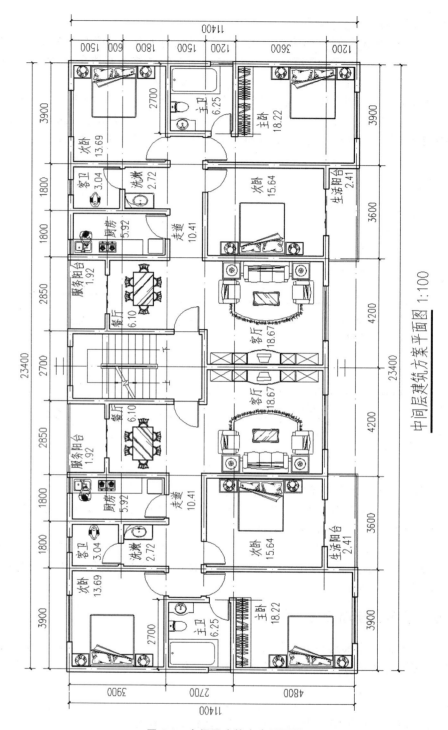

图 6-1 中间层建筑方案平面图

(1)x 方向框架梁,用 ▨▨▨ 表示。一共需要布置 5 道 x 方向框架梁,顺序为①～⑤,如图 6-3 所示。

(2)y 方向框架梁,用 ▭▭▭ 表示。一共需要布置 5 道 y 方向框架梁,顺序为①～⑤,如图 6-4 所示。

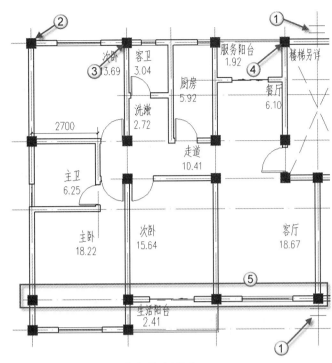

框架柱布置图 1:100

图 6-2　布置框架柱

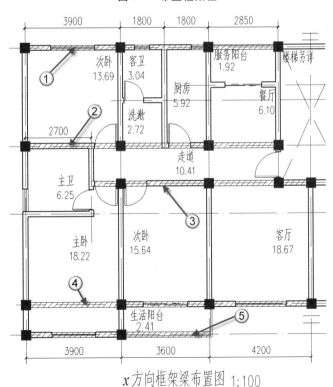

x 方向框架梁布置图 1:100

图 6-3　布置 *x* 方向框架梁

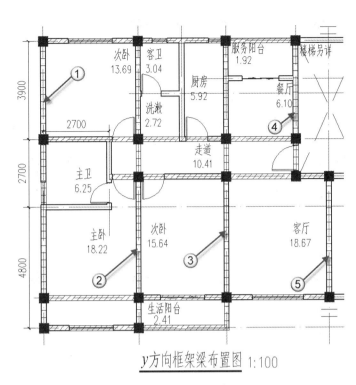

y 方向框架梁布置图 1:100

图 6-4　布置 *y* 方向框架梁

> **注意**：楼梯间不要有框架梁穿过。因为楼梯间需要另外计算，楼梯间的梁是梯梁，其标高、挂载方式都与框架梁不一样。

（3）布置次梁，用 ▨▨▨▨ 表示。一共需要布置 5 道次梁，顺序为①～⑤，如图 6-5 所示。注意次梁的布置不分 *x*、*y* 方向。

这样就布置完成了中间楼层一半的结构梁体系，本层另一半梁在结构整体完成时用镜像功能复制过去。基础顶面与屋顶二层梁的布置与这一层略有区别。

6.1.3　布置基础及基础梁

本例采用的是二阶梯式独立基础，这样的基础在多层框架结构中经常使用。为了保证基础的横向联系，能承受上面填充墙的荷载，需要设置基础梁。基础梁的顶面标高与基础顶面标高一致，具体布置方法如下。

（1）布置基础梁。与中间层梁相比，基础梁有两处不一样，如图 6-6 所示。基础梁在地下，没有楼梯间，①处的梁就要延长到对称轴；同样，地下没有阳台，②处不需要设置基础梁。

（2）布置独立基础。独立基础布置的原则是每根框架柱下面要设置独立基础，独立基础的作用就是将框架柱的荷载传递到地基上。如果两根框架柱布置过近，则需要将这两根框架柱布置到一个独立基础上。本例设计了 J1、J2、J3 三种类型的独立基础，如图 6-7 所示。

这样就布置完成了独立基础与基础梁，其另一半构件在后面绘图时可使用镜像功能复制过去。具体绘制结构设计图的内容将在下一节中介绍。

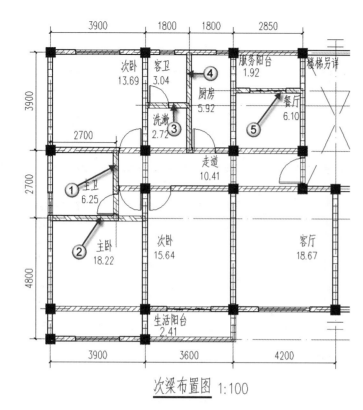

次梁布置图 1:100

图 6-5 布置次梁

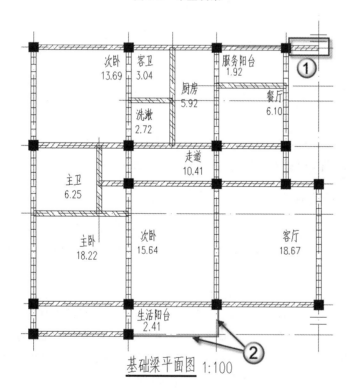

基础梁平面图 1:100

图 6-6 布置基础梁

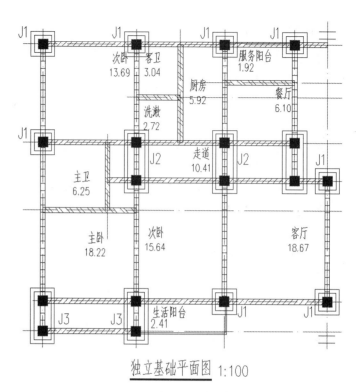

独立基础平面图 1:100

图 6-7 布置独立基础

6.2 绘制结构设计图

在布置完结构构件之后,就需要绘制结构设计图,虽然这不是最终的结构施工图,但是需要对尺寸、标注、图形、图样等进行完善,为后面的结构计算提供参照。本节不仅讲解了如何绘制结构设计图,还介绍了如何使用土建类最新的 BIM 技术为整栋建筑建立结构模型。

6.2.1 绘制柱定位平面图

柱定位平面图就是具体表达框架柱位置关系的图。由于没有经过结构运算,所以框架柱的截面尺寸还是采用经验数值 400 mm×400 mm,因此没有画柱表。

（1）设计建筑与结构专业标高。结构专业是跟随建筑专业的,在建筑专业定好层高后,结构专业要设计好自己的标高,如表 6-1 所示。

表 6-1 建筑与结构专业标高对照表

楼　　　层	建筑专业标高	结构专业标高	高差/mm
屋顶	18.000	17.970	30
6	15.000	14.970	30
5	12.000	11.970	30
4	9.000	8.970	30
3	6.000	5.970	30

续表

楼　　层	建筑专业标高	结构专业标高	高差/mm
2	3.000	2.970	30
1	±0.000	—	—
地坪	−0.450	—	—
基础顶面	—	−1.200	—

注意仔细阅读这个表,可发现其中的一些细节。

①2~6层,建筑专业标高比结构专业标高高 30 mm。

②基础顶面没有建筑专业标高。

③地坪层、1层没有结构专业标高。

梁、楼板的标高一般为本层结构标高,在楼板上依次布置 10 mm 厚素水泥浆结合层一遍、20 mm 厚1:2水泥砂浆抹面压光,共 30 mm,如图 6-8 所示。因此本层的建筑专业标高比结构专业标高高 30 mm。

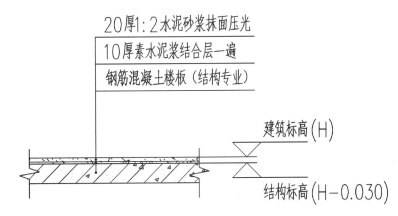

图 6-8　建筑标高与结构标高的关系

基础顶面没有建筑专业标高,这个好理解:因为基础只起承重作用,属于纯结构构件,所以这一层只有结构专业标高而没有建筑专业标高。

地坪层、1层没有结构专业标高,这个问题在后面会向读者详细解释。

(2)绘制框架柱。隐去其他不需要的图形,只留下框架柱,并在柱中心绘制线型为点画线的轴线,如图 6-9 所示。

(3)绘制轴网。沿水平方向布置数字轴①~⑨,沿垂直方向布置字母轴Ⓐ~Ⓔ,如图 6-10 所示。注意,只有在框架柱、剪力墙这样的结构纵向承重构件处才设置轴线并标注轴号。

6.2.2　绘制梁平面图

梁的平面图按照楼层来绘制,由于本例中 2~6 层的布置一样,所以 2~6 层只需要绘制一张梁平面图。梁平面图中要绘制梁的边界线,并且要对梁进行标注。由于此处没有对梁进行配筋计算,所以只标注梁的编号、跨数、截面尺寸,钢筋的相关信息等到运算后再写上去。

(1)绘制 2~6 层梁平面图。梁边界线分为实线与虚线两种,梁、板标高相同且梁、板相交的位置(即施工中常说的"梁顶齐板顶")用虚线表示,其余位置用实线表示。绘制完成后,如图 6-11 所示。

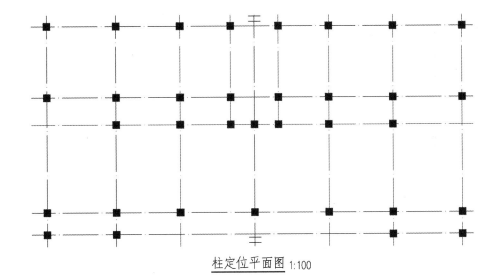

柱定位平面图 1:100

图 6-9　绘制框架柱

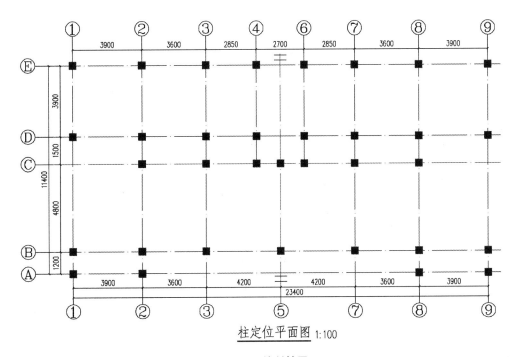

柱定位平面图 1:100

图 6-10　绘制轴网

▶注意:梁用实线表达的位置为楼梯间(因为楼梯间没有板)、最外侧梁外边(内边还是虚线)、厨房、卫生间、阳台(因为降板)。其余位置的梁线应为虚线。

这里用"2KL3(6B)200×350"这个梁标注来说明标注的含义,如图 6-12 所示。①处的数字代表楼层;此处为"2",代表 2 层(因为绘制的是 2~6 层梁平面图,实际代表 2~6 层)。②处的字母代表梁类型;此处"KL"表示框架梁。③处的数字代表梁的编号;此处"3"表示本层的 3 号梁。④处括号中的数字代表跨数,字母 B(如果有)代表梁的两头出挑,字母 A(如果有)代表一头出挑;此处的"6B"就是表示有 6 跨梁且两头出挑。⑤处数字代表梁的截面尺寸;这里的"200×350"表示梁宽 200 mm、梁高 350 mm。

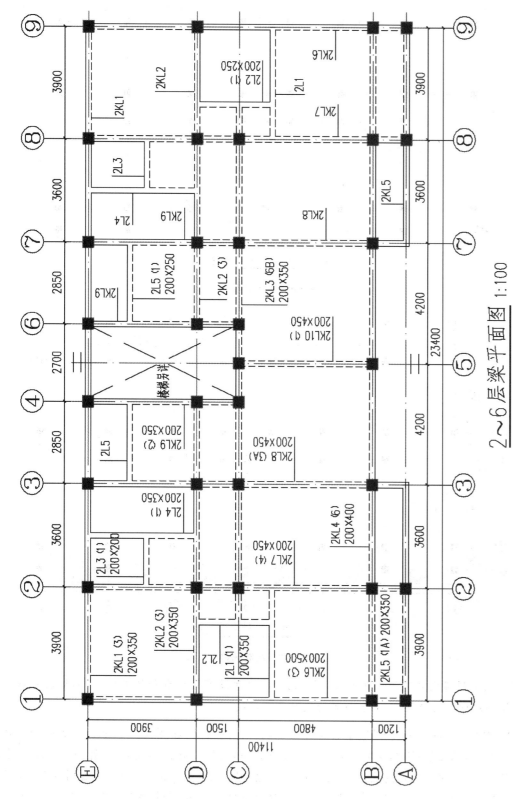

图 6-11 绘制 2~6 层梁平面图

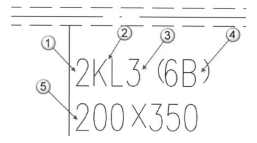

图 6-12 梁标注详解

(2)绘制屋顶层梁平面图。屋顶层梁平面图除了梁的编号改为"WKL×""WL×",还有四处与2~6 层梁平面图不同,如图 6-13 所示。由于是不上人屋面,①处没有楼梯间;本层无楼梯间后,②处的 WKL1、③处的 WKL2 均为一道 7 跨的连续梁(其对应楼下的 2KL1、2KL2,均为两道 3 跨沿 5 号轴线对称且不穿过楼梯间的梁);④处的 WKL10 为 1 跨且一头出挑的梁(其对应楼下的 2KL10,为 1 跨梁)。

6.2.3 绘制基础及基础梁平面图

在基础及基础梁平面图中绘制的结构构件所在的标高在地下,本例基础顶面的标高为−1.200,距离地面(即地坪层)750 mm。基础梁的布置与地上部分梁的布置类似,梁的标注相应改为"JKL×"与"JL×"。因为基础梁所在的结构标高无楼板,所以基础梁的两根边界线均为实线。

(1)绘制基础及基础梁平面图。基础与基础梁的标高相同,均为结构专业的基础顶面标高,因此将二者绘制在一张图中,如图 6-14 所示。本图中的 1—1 断面符号、2—2 剖面符号是为了说明地坪层、1 层为什么没有结构专业标高,这部分内容将在下一小节为读者详细介绍。

(2)绘制阶梯式独立基础大样图。J1~J3 这三个独立基础虽然尺寸上有所区别,但是形状一样,因此可以用一个平面大样图和一个断面大样图表示,如图 6-15 所示。

(3)绘制柱下阶梯式独立基础表。J1~J3 这三个独立基础的尺寸不同,可以用柱下阶梯式独立基础表来表示,如表 6-2 所示。

表 6-2 柱下阶梯式独立基础表 (单位:mm)

基 础 号	B	L	长 度	宽 度	H_1	H_2
J1	1000	1000	700	700	400	300
J2	1000	2500	700	2200	500	400
J3	1000	2200	700	1900	450	350

▶ **注意**:设计图、施工图中不仅有图,而且有大量的表格。读者要学会使用图表结合的方式来表达结构构件,这样的方式在绘图中经常用到。

6.2.4 使用 BIM 技术生成结构三维模型

BIM 是 building information modeling(建筑信息化模型)的简称。其以建筑工程项目的各项相关信息数据作为基础,建立起三维的建筑模型,通过数字信息仿真来模拟建筑物中所具有的真实信息。BIM 将建设单位、设计单位、施工单位、监理单位等项目参与方集成在同一平台上,共享同一建筑信息模型,利于项目可视化、精细化建造,并且节省建设成本。

受本书篇幅的限制和学习阶段的局限,笔者只介绍 BIM 技术中的三维可视性、快速统计工程量两项功能。演示中选用工程行业软件巨头 Autodesk(欧特克)公司的 Revit 软件,如果需要进一步学习,请参看其他相关书籍。

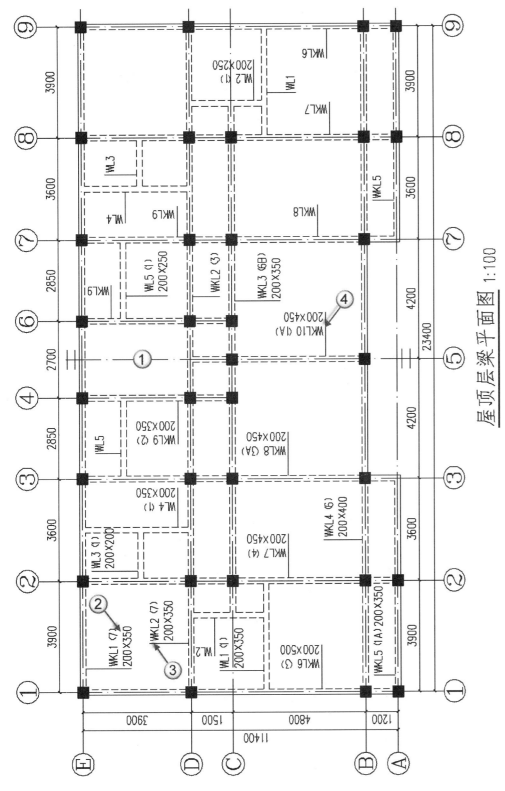

图 6-13 绘制屋顶层梁平面图

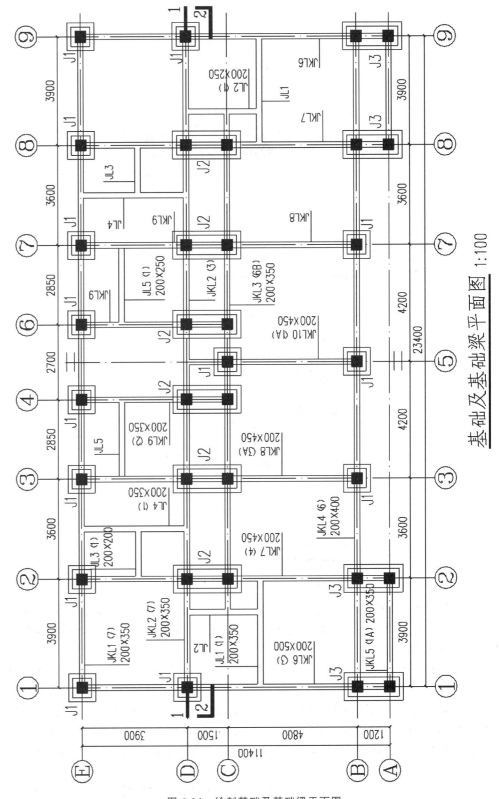

图 6-14 绘制基础及基础梁平面图

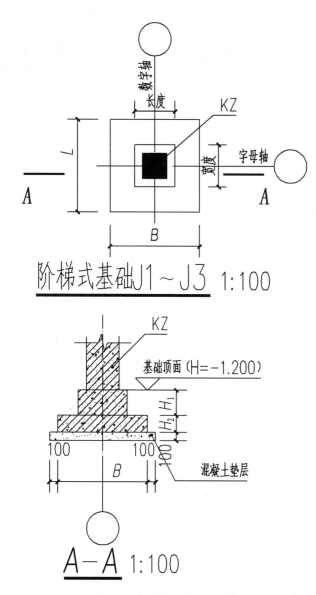

图 6-15 绘制独立基础大样图

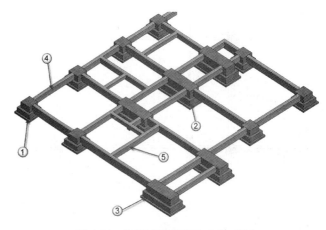

图 6-16 基础及基础梁的 BIM 模型

图 6-17 框架柱模型

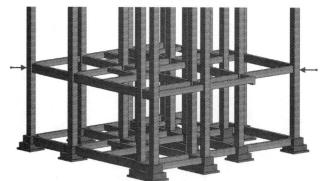

图 6-18 二层梁模型

图 6-19 屋顶层梁模型

(1)基础及基础梁的 BIM 模型。建立 BIM 模型也是只建一半,然后用镜像功能复制到另一侧,如图 6-16 所示。①为独立基础 J1,②为独立基础 J2,③为独立基础 J3,④为基础框架梁的代表 JKL1,⑤为基础次梁的代表 JL1。

从平面图中只能观察到构件的位置,在三维模型中才能清楚看到其形状、连接关系、三维构成形式,这就是 BIM 技术三维可视性的优势。

(2)从基础顶面向上生成框架柱的 BIM 模型。本例中所有框架柱的底部标高均为结构专业的基础顶面标高(即-1.200),也就是柱底连接基础顶,然后全部框架柱向上生成,如图 6-17 所示。

(3)二层梁模型。二层框架梁、次梁的顶部标高为结构二层标高(即 2.970),绘制完成后如图 6-18 所示。

(4)屋顶层梁模型。屋顶层框架梁、次梁的顶部标高为结构屋顶标高(即 17.970),绘制完成后如图 6-19 所示。

（5）整栋建筑的框架模型。使用镜像功能将整栋建筑的框架模型建好，如图 6-20 所示。如果再加上楼板，就是全部的结构专业模型了（请读者参阅其他有关 BIM 的书籍）。

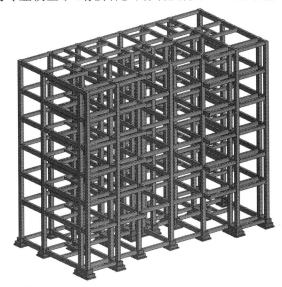

图 6-20　整栋建筑的框架模型

可以直接在 Revit 中将视图切换到南立面图，如图 6-21 所示。这样可以直观地看到结构构件与结构专业标高之间的对应关系。再次发现前面没有解决的问题：一层没有结构专业标高。

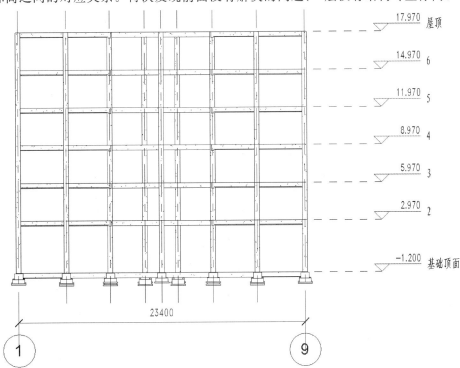

图 6-21　结构专业①～⑨轴立面图

（6）一层中建筑与结构专业的关系。一层的建筑填充墙是从基础梁顶部一直砌筑到二层梁底部的，也就是说填充墙的顶部与底部都与梁相接，如图 6-22 所示。基础顶面标高为－1.200，在地下。因此基础做完后要向上覆土，然后夯实，称为素土夯实，在这上面依次布置 100 mm 厚 C15 素混凝土、

10 mm 厚素水泥浆结合层一遍、20 mm 厚 1∶2 水泥砂浆抹面压光，这样就到了建筑一层的标高（即±0.000），如图 6-23 所示。

> 注意：这里 1—1 断面图、2—2 剖面图中的剖断面符号的位置请读者参看图 6-14。

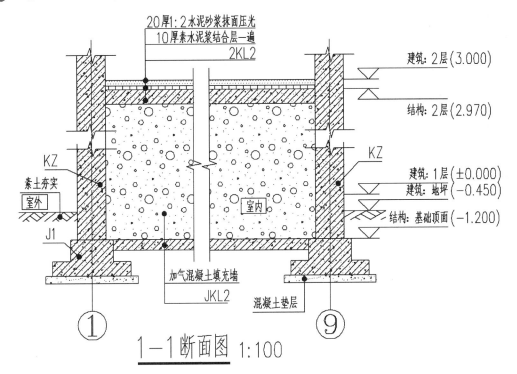

1—1 断面图 1:100

图 6-22　建筑与结构专业的关系（1）

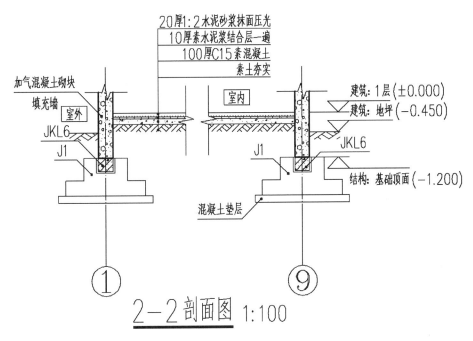

2—2 剖面图 1:100

图 6-23　建筑与结构专业的关系（2）

这里不需要用梁、楼板等结构专业的手段,只需要用建筑专业的方法去构建,所以一层没有结构专业标高。这样的做法可以节约大量的人工成本、材料成本,因此经常被采纳。但是这样的做法也有缺点,主要是一层地面无法承受太大的荷载,会出现地面沉降超标的问题。

(7) 快速统计工程量。因为建立的模型是基于 BIM 技术的,所以其自带工程量。使用 Revit 软件可以快速生成工程量统计表,如图 6-24 所示。此表可以导入 Excel 表格中进一步修饰,完成后如表6-3 所示。

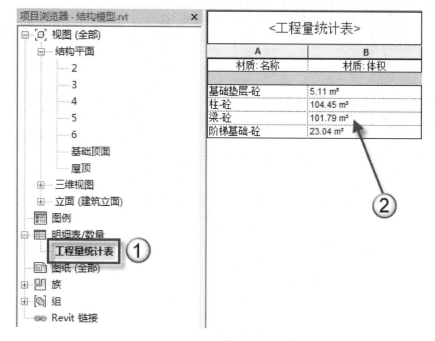

图 6-24 统计工程量

表 6-3 工程量统计表

项 目	混凝土用量/m³
垫层	5.11
基础	23.04
柱	104.45
梁	101.79

6.2.5 作业 框架结构设计

有五栋六层住宅楼分别要求进行结构布置,绘制相应的结构设计图。结构形式为框架结构,基础采用独立式基础,不布置楼板。建筑层高均为 3000 mm,建筑一层标高为±0.000,地坪层标高为−0.450。这五栋建筑的标准层平面图,分别如图 6-25～图 6-29 所示。因为住宅的户型有一定相似性,读者可以根据自身的情况选做几栋。设计时,绘图比例选用 1:100,图纸选用拷贝纸。

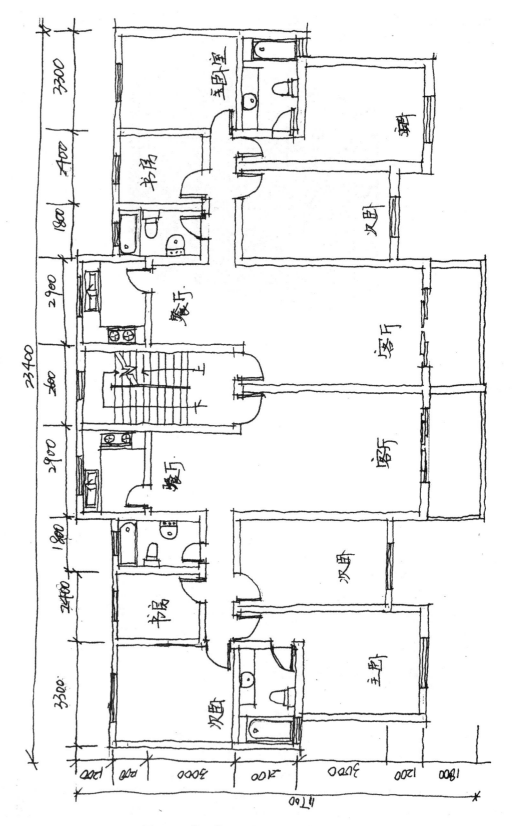

图 6-25 第一栋六层住宅中间层建筑方案图

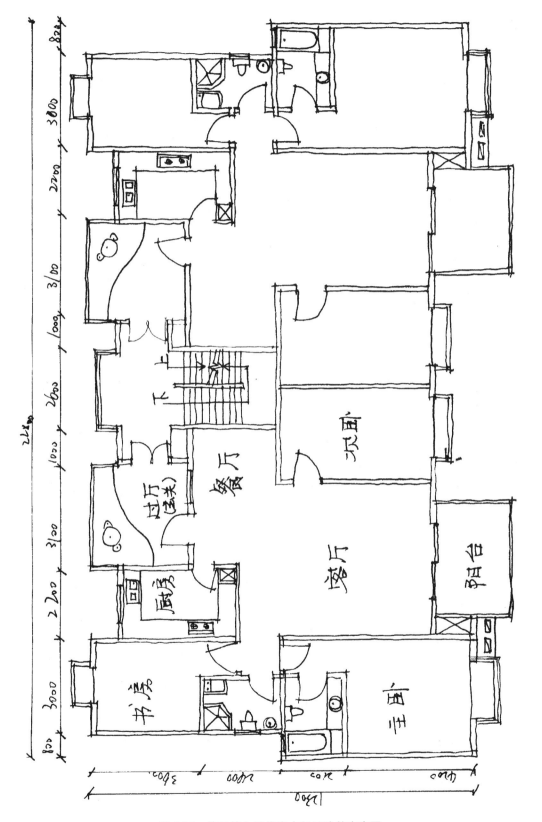

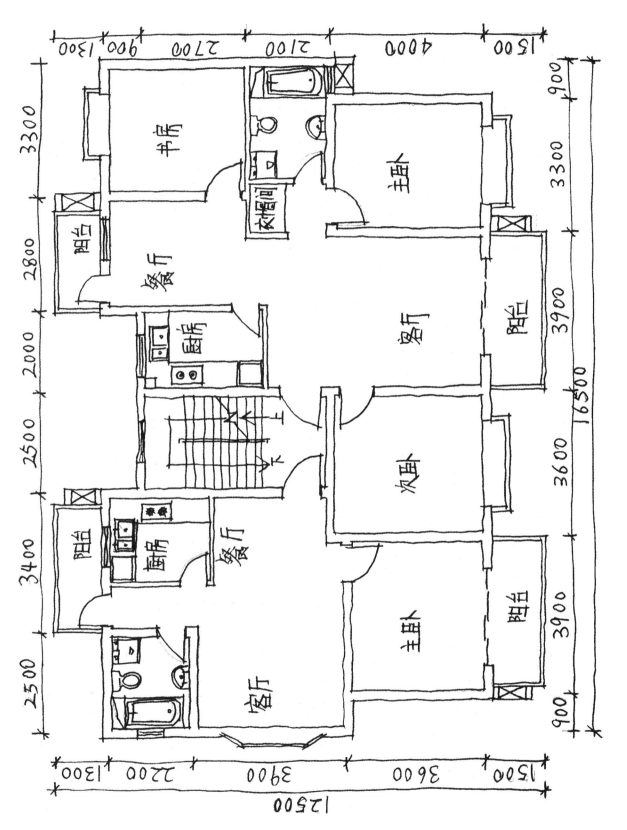

图 6-26　第二栋六层住宅中间层建筑方案图　　　　　　　图 6-27　第三栋六层住宅中间层建筑方案图

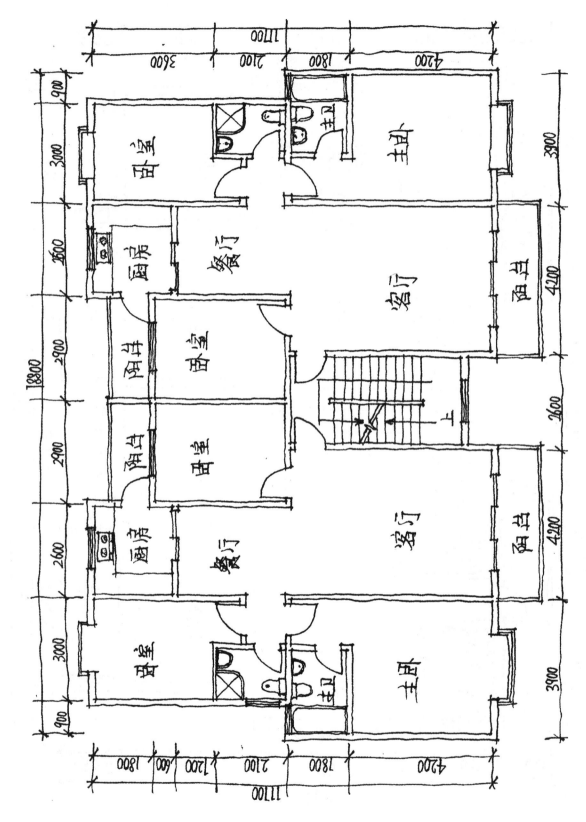

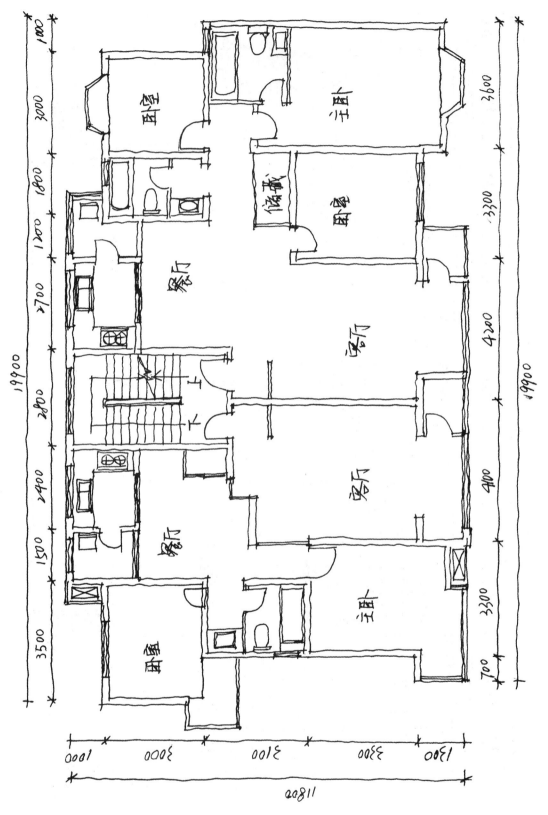

图 6-28　第四栋六层住宅中间层建筑方案图

图 6-29　第五栋六层住宅中间层建筑方案图

第 7 章　高层建筑方案设计

住宅的空间构成及组合过程为由一个或多个"居室"组合形成"套型"(也称为"户型"),再由一个或多个"套型"组合形成"单元",最后由一个或多个"单元"组合形成一栋"住宅"。"居室"是居住建筑的基本单元,"套型"反映家庭人口结构、居家生活方式,"单元"反映居住人口规模、聚居生活方式及邻里相处方式等。

本章以一单元四户的一栋百米高层住宅为例,说明如何联系居住空间与交通空间、如何分配私密空间与公共空间、如何调配各房间的使用面积、如何设计各类型房间的功能等。

在本书配套电子资源中,有两套高层住宅的建筑施工图,文件格式为 DWG,读者可以根据自己的需要下载学习。

7.1　设计条件

因为城市用地的稀缺性,在我国二线、三线甚至是四线城市中,已较少新建多层住宅建筑了。一旦报建,就多是百米的高层住宅,这样的住宅在设计时有一定的模式,如电梯的数量与类型、防火疏散的安排、结构的选型等。本节将以任务的形式,将这个模式介绍给读者。

7.1.1　任务书

读者在设计高层住宅时一定要将其与多层住宅区分开。高层住宅在消防设计、交通组织方面要比多层住宅复杂很多,高层住宅设计问题不是在多层住宅中加上电梯就能解决的。

(1) 目的与要求。

①了解住宅设计的现状及发展趋势,掌握住宅设计的基本原理,熟悉各类型房间的布置及尺度要求。

②理解住宅设计要点、结构选型的要求、消防要求等,建立建筑、技术、构造、经济等方面的基本概念。

③要求建筑设计具有时代感,创造反映城市特色的建筑形象。

(2) 设计要求。

①主体建筑采用纯剪力墙结构,耐火等级为一级,建筑高度不超过 100 m。

②不考虑地下室及其他地下空间。

③主导风向:夏季为南风,冬季为北风。

④要求设置一部担架电梯、一部消防电梯。

⑤不考虑中央空调,只设置电井与水井两个管道井。

⑥明厨、明厕,所有房间对外墙开窗。

⑦所有套型采用双阳台设计,一个服务阳台和一个生活阳台,这两种阳台的区别如表 7-1 所示。

表 7-1　服务阳台与生活阳台

阳台类型	位　置	朝　向	设置与否	设　备
服务阳台	餐厅、厨房外	—	宜	洗衣机、燃气表、采暖炉、热水器
生活阳台	客厅、卧室外	南	必须	晒衣架

7.1.2　建筑组成及要求

本小节主要给出房间的使用面积以及需要哪些房间,高层住宅的标准层就是由这样一些房间组合而成的。这些房间如何按照相关要求进行组合,是 7.2 节将介绍的内容。下面是各组成部分房间的使用面积要求,面积数值可以上下浮动 15%。

(1) 核心筒部分。

过道:20 m²。

电梯前室:12 m²。

防烟前室:4 m²。

楼梯:20 m²。

(2) 两室一厅一厨一卫。

客厅:18 m²。

厨房:5 m²。

卫生间:3 m²。

主卧:13 m²。

次卧:11 m²。

生活阳台:2.5 m²。

服务阳台:1 m²。

(3) 三室两厅一厨两卫。

客厅:22 m²。

餐厅:6.5 m²。

厨房:6.5 m²。

主卫:4.5 m²。

客卫:4.5 m²。

主卧:14 m²。

次卧:11 m²。

生活阳台:2.5 m²。

服务阳台:1 m²。

7.2　设计过程

住宅是供家庭日常居住使用的,是人们为满足家庭生活需要,利用自己掌握的物质技术手段创造的人造环境。因此,在设计之前应研究家庭结构、生活方式、生活习惯以及地域特点,通过多样的空间组合方式设计出满足生活需要的住宅。

7.2.1 核心筒设计

在高层住宅中,由走道、电梯前室(或防烟前室)、疏散楼梯间、电梯间、管道井组成的区域叫核心筒。在这个区域中,结构专业可以不考虑或者少考虑建筑专业要求的无墙空间或大空间,从容布置大块面的剪力墙以满足抗震要求。

(1) 绘制走道。走道的墙轴线间距为 1600 mm,墙体按照 200 mm 的厚度进行绘制,墙体的长度随意,如图 7-1 所示。

图 7-1 绘制走道

▶注意:这里所说的"轴线"实际上就是墙中心线,因为还无法判断这段墙是剪力墙还是填充墙,而只有剪力墙才能布置轴线。墙厚 200 mm 也是暂时设置的,因为结构专业还没有布置剪力墙,只有剪力墙布置完成后,建筑专业才会按照外墙 200 mm、内墙 100 mm 来重新设置填充墙。这是建筑方案图的一般画法,本章中余下部分都是采用这样的方法来绘图的。

(2) 绘制剪刀梯楼梯间。紧贴着走道,在走道的上面布置开间为 7200 mm、进深为 2800 mm 的楼梯间,如图 7-2 所示。

▶注意:这里的楼梯形式采用的是剪刀梯,这种楼梯的两个梯段从剖面上看像一把剪刀,因此得名。这种楼梯的优点是:采用这种楼梯的封闭楼梯间有两个独立出入口,满足防火疏散的要求。所以这种楼梯经常用在高层住宅中。

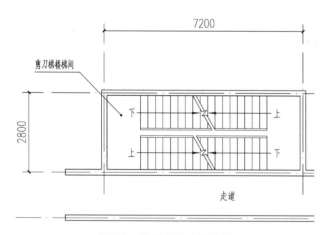

图 7-2 绘制剪刀梯楼梯间

(3) 绘制电梯前室。在楼梯间的一侧,绘制一个开间为 2400 mm、进深为 6000 mm 的电梯前室,以满足布置三部上下电梯的需要,如图 7-3 所示。

(4) 绘制担架电梯。在电梯前室一侧,绘制开间为 2800 mm、进深为 2000 mm 的担架电梯间,如图 7-4 所示。担架电梯要能满足在紧急情况下担架能水平进出电梯间的要求。一般长边的轴线尺寸

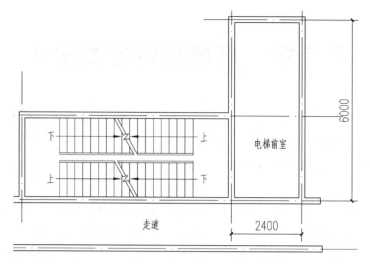

图 7-3 绘制电梯前室

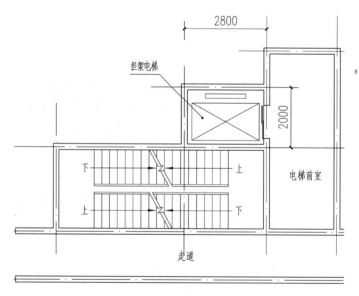

图 7-4 绘制担架电梯

为 2800 mm,短边根据业主选用电梯的具体情况设置。

(5) 绘制消防电梯与普通电梯。在担架电梯间的对侧,设置两间 2400 mm×2400 mm 的电梯间,其中一个为消防电梯间,如图 7-5 所示。

▶注意:消防电梯与普通电梯相比,有两个需要注意的位置:一是消防电梯要能通达建筑物的所有楼层;二是消防电梯间底部要有集水井。

(6) 绘制防烟前室与水电井。绘制 1200 mm×1200 mm 的水井、电井各一个,开间 1500 mm 的防烟前室一个,如图 7-6 所示。防烟前室设置在走道与楼梯间之间,要从走道进入楼梯间,必须经过防烟前室转折,这样才能达到高层住宅消防防烟的要求。

7.2.2 两室一厅一厨一卫设计

这个套型由两个卧室、一个客厅、一个厨房、一个卫生间组成,套型建筑面积在 70 m² 左右,供 2～

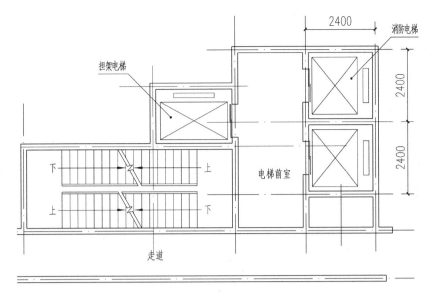

图 7-5　绘制消防电梯与普通电梯

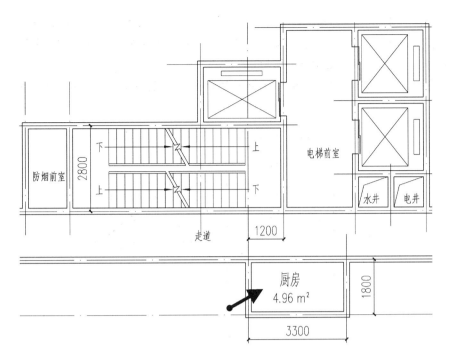

图 7-7　绘制厨房

阳台,其进深均为 1800 mm,如图 7-8 所示。将服务阳台设置到这个位置,解决了厨房、卫生间对外墙开窗的问题,让其可以直接采光。

（3）绘制客厅。这个户型的出入口（①处）位于厨房一侧,用▲表示,入户后走道（②处）的宽度为 1500 mm,客厅（③处）的开间为 3600 mm,如图 7-9 所示。

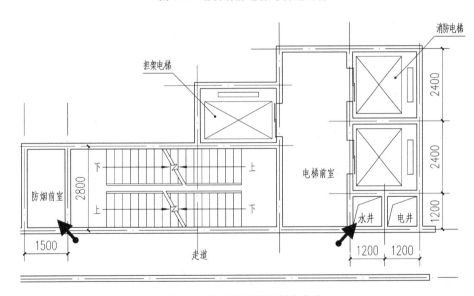

图 7-6　绘制防烟前室与水电井

4 人的家庭使用。在这个方案中,有 B、C 两个这样的两室一厅一厨一卫套型,这里只介绍 B 套型的具体设计方法,C 套型请读者朋友参看附图,自行学习。

（1）绘制厨房。绘制开间为 3300 mm、进深为 1800 mm 的厨房,如图 7-7 所示。注意厨房左侧的墙与楼梯间右侧的墙轴线距离为 1200 mm,因为厨房左侧墙的轴线大致是整栋建筑在水平方向的中心线,1200 mm 的距离是个经验数值,这样对齐可以尽量让核心筒也放置在建筑开间的中心位置。

▶注意:在地震来临时,高层建筑物有 x 方向平动、y 方向平动、扭转这三个方向的自振周期。因为核心筒布置的剪力墙比较多,只有核心筒中心对齐到整栋建筑的中心后,在这三个自振周期振动时才能保持平稳的位移,从而减小偏心距。虽然是建筑专业在进行方案设计,但是也要考虑到结构专业的抗震要求。这就是建筑专业指导性的体现。

（2）绘制卫生间。在厨房的一侧,分别绘制开间为 2100 mm 的卫生间,开间为 1200 mm 的服务

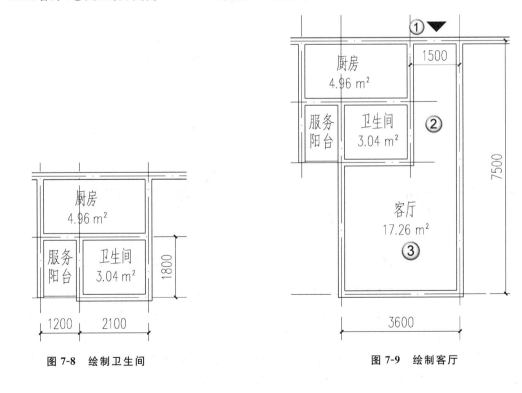

图 7-8　绘制卫生间　　　　**图 7-9　绘制客厅**

(4) 绘制次卧。次卧位于走道的一侧,开间为 3900 mm,进深为 3600 mm,如图 7-10 所示。

(5) 绘制主卧。主卧位于客厅的一侧,开间为 3000 mm,进深为 5400 mm,如图 7-11 所示。主卧、次卧右侧的墙不对齐,目的是让次卧有可以直接采光的窗。

(6) 绘制生活阳台。在客厅的一侧绘制开间为 3600 mm、进深为 1500 mm 的生活阳台,如图 7-12 所示。

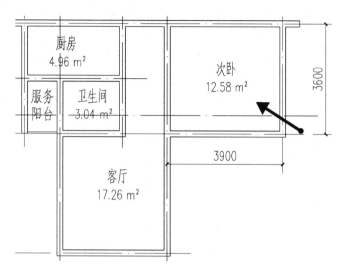

图 7-10 绘制次卧

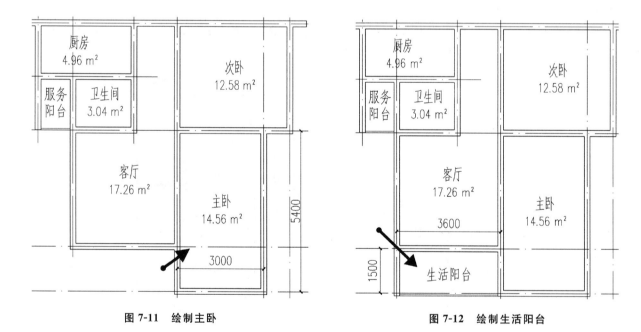

图 7-11 绘制主卧   图 7-12 绘制生活阳台

(7) 面积计算。这里的服务阳台的面积是 0.85 m²,生活阳台的面积是 2.55 m²。整个户型的使用面积汇总为 0.85 m²+2.55 m²+4.96 m²+3.04 m²+12.58 m²+14.56 m²+17.26 m²=55.80 m²。而估算的建筑面积为 55.80 m²÷0.75=74.40 m²。

▶注意:因为使用系数=使用面积/建筑面积,而这个使用系数的经验数值为 0.75。因此在估算建筑面积时,常常用"使用面积÷0.75"这个方法得到。在做方案时,是一户一户地设计,不可能直接

测量得到建筑面积,因此这时每个户型的建筑面积只能用上述方法计算得到一个大致的数值。

7.2.3 三室两厅一厨两卫设计

这个套型由三个卧室、一个客厅、一个餐厅、一个厨房、两个卫生间组成,套型建筑面积在 120 m² 左右,供有 1~3 代人共同生活的家庭使用。在这个方案中,有 A、D 两个这样的三室两厅一厨两卫套型,这里只介绍 A 套型的具体设计方法,D 套型请读者朋友参看附图,自行学习。

(1) 绘制厨房。厨房不能与电梯间紧贴着布置,因为电梯上下行时有噪声,会影响业主的生活。因此本例布置的这个开间为 2100 mm、进深为 3600 mm 的厨房(③处),与电梯间有 2100 mm 轴线距离的空当(②处),为了不让这个空当在立面上显得突兀,所以设置了立面连梁(①处)。入户的位置用 ▲ 表示(④处),如图 7-13 所示。

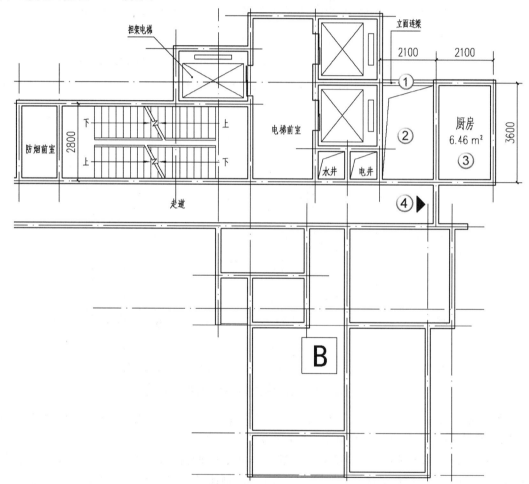

图 7-13 绘制厨房

▶注意:为了弱化立面空当(一般是向内凹陷)的效果,往往会隔几层设置一根立面连梁,如图 7-14 所示。这样可以增加高层住宅建筑横向线条的延展性,属于比较简单但实用的丰富立面效果的方法。

(2) 绘制客厅、餐厅。在厨房的一侧布置服务阳台、餐厅、客厅,如图 7-15 所示。注意像这样的三室两厅一厨两卫的套型,客厅开间不得小于 4200 mm,餐厅的开间不得小于 2700 mm。

图 7-14　立面连梁

（3）绘制内部走道。这样三室两厅一厨两卫的户型，需要采用内部走道联系空间，也方便分隔公共空间（如客厅、餐厅）和私密空间（如卧室、书房）。本例布置一个宽度为 1200 mm 的内部走道，如图 7-16 所示。

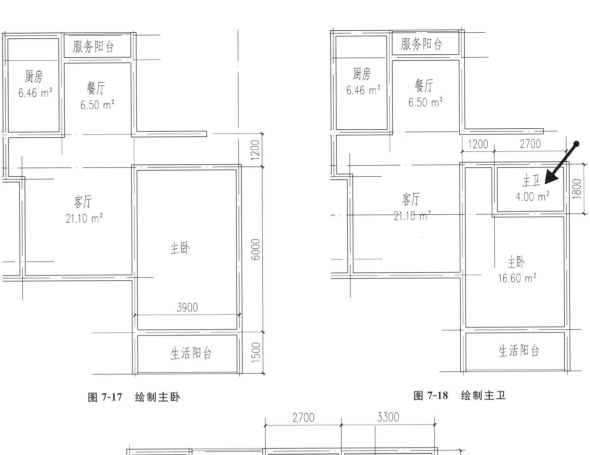

图 7-17　绘制主卧　　　　　　　　　　　**图 7-18　绘制主卫**

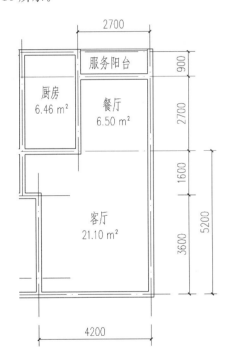

图 7-15　绘制客厅、餐厅

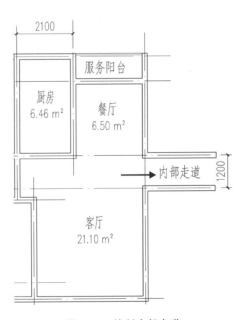

图 7-16　绘制内部走道

（4）绘制主卧。在走道的一侧绘制一个开间为 3900 mm、进深为 6000 mm 的主卧，并在主卧一侧布置进深为 1500 mm 的生活阳台，如图 7-17 所示。

（5）绘制主卫。在主卧的一侧布置一个 1800 mm×2700 mm 的主人用卫生间，并保证进入主卧的走道宽度为 1200 mm，如图 7-18 所示。因为只有宽度为 1200 mm，才能布设一个 900 mm 宽的进入主卧的门。

（6）绘制次卧。在走道的另一侧布置开间分别为 2700 mm、3300 mm 的书房与次卧，其进深均为 3600 mm，如图 7-19 所示。

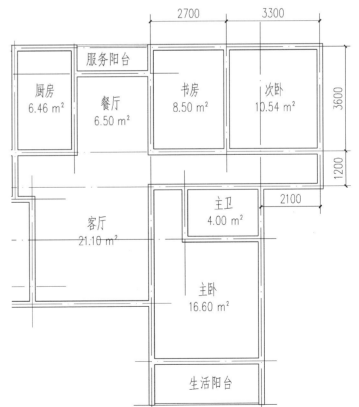

图 7-19　绘制次卧

(7) 绘制客卫。在走道的尽头绘制一个 2100 mm×2400 mm 的客人用卫生间,如图 7-20 所示。

图 7-20 绘制客卫

面积计算。这里的服务阳台的面积是 1.13 m², 生活阳台的面积是 2.59 m²。整个户型的使用面积汇总为 1.13 m²+2.59 m²+6.46 m²+6.50 m²+8.50 m²+10.54 m²+3.80 m²+21.10 m²+4.00 m²+4.18 m²+16.60 m²=85.40 m²。而估算的建筑面积为 85.40 m²÷0.75≈113.87 m²。

7.2.4 完善方案

完善建筑方案主要是设置门窗、布置家具、设计厨洁具,然后进行相应的尺寸标注。整个方案图完成之后,如附图 21 所示。

(1) 设置门。一般在做方案时就要将门大致设计好,所以门的设计深度还是比较接近施工图的,门设置一览表如表 7-2 所示,此表将作为后面绘制施工图中的门窗表的主要依据。

表 7-2 门设置一览表

门的位置	门宽/mm	材 质	开启方式	名 称
入户门	1000	钢板	平开	GM1021
房间门	900	木板	平开	MM0921
厨卫门	800	木板	平开	MM0821
阳台门	1500	断桥铝白玻	推拉	LM1521
厨房外阳台门	800	断桥铝白玻	平开	LM0821
疏散楼梯间	1100	乙级防火门	平开(子母门)	ZM1121

续表

门的位置	门宽/mm	材 质	开启方式	名 称
前室	1200	乙级防火门	平开(双开门)	FM1221 乙
管道井	700	木板	平开(底部距地 300 mm)	MM0718

(2) 设置窗。因为剪力墙没有布置,节能计算也没有做,所以建筑方案中的窗只需要表示位置,检查房间能否在外墙上开窗以获得直接采光即可。至于窗的具体尺寸、布置位置、开启方式,只能在建筑施工图中完成。

(3) 布置家具。在建筑方案中,房间不是只标注名称与面积就可以,还需要布置家具、厨洁具等。这样可以让设计师检查、判断房间的设计是否合理,让甲方快速了解房间的功能与形式。

(4) A 与 D 户型、B 与 C 户型的区别。B 与 C 两个户型都是两室一厅一厨一卫,除了卧室尺寸,其余基本上没有区别。A 与 D 两个户型都是三室二厅一厨二卫,A 户型是卫卫集中式,即主卫与客卫布置在一起;D 户型是厨卫集中式,即厨房与客卫布置在一起。卫卫集中式与厨卫集中式各自的优缺点如表 7-3 所示。

表 7-3 卫卫集中式与厨卫集中式优缺点一览表

方 式	优 点	缺 点
卫卫集中式	两个卫生间布置在一起,可以节省一定的给排水管线	私密性不好,客人如厕时要穿过私密区
厨卫集中式	私密性好,完全把公共空间与私密空间分开了	两个卫生间分开了,会浪费一定的管线

7.2.5 设计双跑楼梯作为疏散楼梯

前面设计完成的高层住宅方案是以一部剪刀梯作为疏散楼梯的。高层住宅楼的疏散楼梯一般有两种形式:一部剪刀梯或两部双跑楼梯,表 7-4 是两者的对比。如果疏散楼梯用两部双跑楼梯,则两部双跑楼梯之间需要使用连廊进行连接。

表 7-4 高层住宅楼疏散楼梯的对比

一部剪刀梯		两部双跑楼梯	
优点	缺点	优点	缺点
公摊面积小	中间套型不通透	中间套型通透	公摊面积大

笔者也设计了一个以两部双跑楼梯作为疏散楼梯的高层住宅方案,供读者参考。该方案也是一个单元每层四户,如附图 22 所示。

7.2.6 板式楼与塔式楼

一个单元一户或两户的高层住宅楼,称为板式楼,如附图 23 所示。一个单元三户及以上的高层住宅楼,称为塔式楼,如附图 24 所示。板式楼可以做到南北通透;但是其进深较小,用地不经济。塔式楼进深可以做得很大,较为节约用地;但是其中间的套型不能做到南北通透。

第 8 章　多层住宅建筑施工图设计

本章通过南方某地区多层住宅建筑的建筑设计,让读者学习住宅建筑设计的一般方法,初步了解民用建筑设计的基本原理,掌握建筑设计的基本方法。从方案设计阶段到施工图设计阶段,读者应能较好地表达总图与单体、平面与造型的各种关系,从简单到复杂,逐步强化对建筑设计的理解。读者应能综合运用前面所讲到的设计知识及制图规范,从而进一步培养独立设计的能力和分析解决问题的能力。

本书的附图 25～附图 31 提供了某南方多层住宅的全套建筑施工图,供广大读者参考。读者不仅要学习图纸中户型的设计方法,还要理解这套施工图的表达方式。

在本书配套电子资源中,有两套多层住宅的建筑施工图,文件格式为 DWG,读者可以根据需要下载学习。

8.1　设计任务

对于多层住宅,一般可以按层数进行划分。

(1) 低层住宅为 1～3 层。

(2) 多层住宅为 4～6 层。

(3) 中高层住宅为 7～9 层。

(4) 高层住宅为 10 层及以上。

或者根据《民用建筑设计统一标准》(GB 50352—2019)对民用建筑按地上建筑高度或层数进行划分。

(1) 建筑高度不大于 27.0 m 的住宅建筑、建筑高度不大于 24.0 m 的公共建筑及建筑高度大于 24.0 m 的单层公共建筑为低层或多层民用建筑。

(2) 建筑高度大于 27.0 m 的住宅建筑和建筑高度大于 24.0 m 的非单层公共建筑,且高度不大于 100.0 m 的,为高层民用建筑。

(3) 建筑高度大于 100.0 m 为超高层建筑。

多层住宅一般可以不设置电梯,楼梯往往作为多层住宅的主要上下楼通道。对于户型布置来说,一梯两户,每户都能实现南北自然通风,基本能满足每间居室的采光要求,一梯三户及以上则有一户或多户的南北自然通风较差。多层住宅一般采用单元式,共用面积很小,这有利于提高面积利用率,但是同时也限制了邻里间的交往。

8.1.1　设计条件

结构形式:应采用砖混或框架结构。

户型面积标准:大户型为 130 m² 左右,中等户型为 110 m² 左右,小户型为 90 m² 左右,适合有不同需求的人群。

层数与层高:按照建筑主体为六层设计,建筑总高度不超过 23 m,每层层高控制在 3 m 左右,需考虑室内外高差。

总建筑面积:控制在 7000 m²(按轴线计算,上下浮动不超过 10%)。

户型配置:大、中、小户型按照 1∶4∶2 的比例进行配置。

各类户型的房间功能及面积:参照表 8-1。

每层公共部分使用面积:15～30 m²(按轴线计算)。

表 8-1　多层住宅使用面积参考指标表

参考房间类别	户型配置/m²			备　注
	大户型(130 m²)	中等户型(110 m²)	小户型(90 m²)	
卧室	40	35	30	
客厅	24	21	17	
书房	16	14	10	
餐厅	13	11	9	
厨房	8	7	6	
卫生间	6	5	4	
阳台	11	10	8	
其他空间	12	7	6	交通空间、储藏空间等

8.1.2　设计完成工程量要求

除图纸目录外,其余所有图纸的图幅应为 A1 或 A2 大小。

工作量:不少于 8 张图纸,所有图纸(图幅不论是 A1 还是 A2)上交时都应折叠成 A4 大小(图纸折叠应符合相应标准的要求)。

(1) 建筑设计总说明、门窗表、建筑装修做法。

(2) 首层平面,比例为 1∶150～1∶100。

(3) 其他各层平面及屋顶平面,比例为 1∶150～1∶100。

(4) 立面图(4 个),比例为 1∶150～1∶100。

(5) 剖面图(至少 1 个,宜剖切到楼梯),比例为 1∶150～1∶100。

(6) 卫生间、厨房放大平面图,比例为 1∶50。

(7) 楼梯间详图,比例为 1∶50。

(8) 主要构造、节点大样图(主要包含屋面压顶、女儿墙大样图,比例为 1∶25,雨篷大样图,比例为 1∶25,阳台大样图,比例为 1∶25,空调栏,比例为 1∶25 等)。

(9) 门窗大样图,比例为 1∶50。

8.2　设计指导

在 8.1 节中布置完设计任务之后,本节将向读者介绍如何进行具体的设计。这个题目有两个部分：一是建筑方案设计，一是施工图设计。应该先进行建筑方案设计(其中包含建筑平面功能设计和建筑造型设计)，待设计方案确定后，再进入施工图设计阶段。

8.2.1 建筑方案设计

在进行建筑方案设计时，需全面且生动地学习设计的要点、建筑方案平面功能设计、建筑空间构成以及外部造型的意象性构思等丰富的内容。建筑方案设计阶段需要表达的内容包含总平面图、各层平面图、主要的立面图与剖面图以及建筑外部造型。

1. 功能用房布置

(1)卧室。住宅的卧室一般分为主卧和次卧，考虑到主卧需要放置电视柜、梳妆台等其他家具，一般主卧房间短边净尺寸不应小于 3000 mm。次卧分为单人卧室和双人卧室，一般次卧的短边净尺寸不小于 2400 mm。卧室在布置上需要考虑到安静，必须有直接的自然采光，应考虑其通风效果，卧室的形状最好设置为矩形，方便家具的布置，卧室的门洞宽不应小于 900 mm。

(2)客厅。客厅又称为起居室，是主人与客人会面的地方，供人们休息、娱乐、集会，既是全家的活动场所，又是对外联系交往的社交活动空间。客厅是住宅的中心空间和对外的一个窗口，属于住宅较为核心的部分。客厅应该具有较大的面积和适宜的尺度，同时，要求有较为充足的自然采光和合理的照明。最好有相对独立的空间区域。

(3)餐厅。餐厅的空间一定要是相对独立的一个部分，最好能有相对独立的空间，尽量与交通空间错开。最好有相对充足的自然通风与采光，其面积不应小于 5 m²，短边最小净尺寸不小于 2100 mm。

(4)厨房。厨房属于住宅的辅助用房，一般一类和二类住宅的厨房面积不应小于 4 m²，三类和四类住宅的厨房面积不应小于 5 m²。厨房必须有自然采光，在进行厨房设计时，应考虑厨房操作的流程，同时还应该预留操作台、抽油烟机、洗涤池的位置。单排布置设备的厨房净宽不应小于 1.5 m，双排布置时其净宽不应小于 900 mm。

(5)卫生间。住宅的卫生间一般有专用和公用之分。专用的只服务于主卧室(也叫"主卫")；公用的与公共走道相连接，由其他家庭成员和客人公用(也叫"客卫")。在布置卫生间时，最好做到上下层的卫生间位置一致，卫生间不应直接布置在下层住户的卧室、客厅、厨房和餐厅的上层。一般卫生间的面积不应小于 3 m²。3 m² 是卫生间的底限面积，这个尺度仅可以把洗手台、坐便器和沐浴设备安排在内。卫生间的门洞宽最小可做到 800 mm。卫生间里容易积聚潮气，所以通风特别关键，选择有窗户的明卫最好。如果是暗卫，则需要做好机械通风。卫生间还可以进行干湿分区的设计，应做防水处理。

(6)阳台。阳台是建筑物室内的延伸，其设计需要兼顾实用与美观。阳台一般有悬挑式、嵌入式、转角式三类。阳台可以使居住者接收光照、吸收新鲜空气、进行户外锻炼、观赏、纳凉、晾晒衣物。在方案设计时，阳台的面积计算应遵循：在主体结构内的阳台，按其结构外围水平面积计算全面积；在主体结构外的阳台，按其结构底板水平投影面积计算 1/2 面积。

(7)其他空间。住宅内的其他空间一般包含走道、过厅等。其实设置走道和过厅的主要目的是避免房间穿套，减少客厅开门的数量。走道轴线宽度一般不应小于 1200 mm，便于家具及其他物品的搬运。

2. 公共空间设计

(1)公共楼梯间。设置公共楼梯间主要是为了满足居住者的垂直交通需求，楼梯间应该有自然通风和采光。根据《民用建筑设计统一标准》(GB 50352—2019)规定，墙面至扶手中心线或扶手中心线之间的水平距离即楼梯梯段宽度，供日常主要交通用的楼梯的梯段宽度应根据建筑物使用特征，按每股人流宽度为 550 mm＋(0~150) mm 计算，并不应少于两股人流，即净宽度不应小于 1100 mm。梯段改变方向时，扶手转向端处的平台最小宽度不应小于梯段宽度，并不得小于 1200 mm，当有搬运大型物件的需要时应适量加宽。每个梯段的踏步不应超过 18 级，也不应少于 3 级，楼梯平台上部及下部过道处的净高不应小于 2000 mm，梯段净高不宜小于 2200 mm。当梯井净宽大于 200 mm 时，必须采取防止少年儿童攀滑的措施，楼梯栏杆应采取不易攀爬的样式，当采用垂直杆件作栏杆时，其杆件净距离不应大于 110 mm。按照住宅共用楼梯的要求，其踏步最小宽度为 260 mm，最大高度为 175 mm。

(2)入口。多层住宅一般为单元式布局。在进行入口设计时，须考虑到室内外高差(一般为 3 步台阶)、入口雨篷、无障碍坡道，这三者被称为出入口三要素。

(3)公共空间过道。公共过道一般与楼梯间结合布置，其净宽度应不小于 1200 mm，需要考虑同层居住者同时出入的情况。

3. 空间组合

(1)根据使用功能分区。在进行户型的设计时，需充分考虑功能分区，通常会根据各个房间的使用功能进行设计，其中主要按私密程度分区和按动静分区。主要根据使用者的生理和心理需求划定私密空间与公共空间，例如，卧室、卫生间、书房是相对私密的空间，而客厅、餐厅、厨房是公共空间。所以在设计时，一般将卧室、书房等房间放在离入口较远的位置，而客厅、餐厅则会靠近入口布置。动静分区主要是根据使用的要求而定的，一般来说，客厅、餐厅、厨房等属于动区，而卧室、书房等属于静区。

(2)根据空间具体要求组合。通常来讲，房间是按照各个空间的自然通风和采光条件而定的，而能够决定空间内采光和通风的就是房间所处的位置和朝向。由于住宅内卧室、客厅需要良好的自然通风和采光，所以这类房间一般需要朝南向布置。而在住宅内，不是每个房间都能够有良好的朝向，像卫生间和厨房一般朝北，将好的南向空间留给卧室与客厅。总体来看，在住宅的布置上需要先满足部分房间的朝向需求，而对于自然通风和采光要求相对较低的房间就需要进行人工采光和机械通风。

(3)户型的组合和单元的拼接。在完成不同面积户型的室内布置后，接下来要做的就是进行户型的合理拼接。在多层住宅的设计上，户型的拼接和组合是较为核心的内容。在某种程度上，户型的组合不仅决定了每个户型的朝向、自然通风和采光，还对整个建筑外部的造型有一定的影响。多层住宅的户型组合都是围绕着建筑垂直交通系统来布置的，通过走廊将每个户型串联起来。一般来说，每层组合 2~4 个户型为宜。对一梯两户的户型而言，每个户型都可以保证南北通透，通风和采光条件较好，易于组织公共交通流线，公共走道长度较短。对一梯三户的户型而言，两侧的户型有着较好的自然通风和采光条件，中间的户型采光、通风条件相对较差，垂直交通系统的利用率大大增加。对一梯四户的户型而言，两侧的两个户型有较好的通风条件，中间的两个户型朝向较好，目前来说常见的户型组合形式有一字形、L 形、T 形、Y 形以及风车形等。通常来说，每个多层住宅都不会是单独存在的，所以还需进行单元的拼接，经常会将每个单元的短边相接进行拼接。但是值得注意的是，根据《建筑设计防火规范》(GB 50016—2014)(2018 年版)，单元拼接不宜过长。

(4)造型设计。建筑不仅需要进行平面功能布局，还需要进行立面造型设计。在现代多层住宅设计中，常见的建筑风格为简欧风格、新古典风格以及新中式风格等，而这些风格惯用的立面处理手法是将一层、顶层和其他层通过变色、增加线条装饰等手法分开处理。例如,新古典风格一般在底层使用较为深沉稳重的颜色,其他层用较浅的颜色,而在这些楼层的衔接处一般采用欧式线脚过渡;新中式风格中的主要色彩为黑、白、灰,一般采用颜色较深的灰色,运用现代中式门头的造型,立面常采用的建筑造型是粉墙黛瓦、马头墙、青砖。

8.2.2 施工图设计

在确定建筑方案后,就需要进行施工图设计,施工图设计是工程设计的一个阶段,这一阶段主要通过图纸把设计者的意图和全部设计结果表达出来,作为施工制作的依据。在多层住宅的施工图设计阶段,需要将各个部分的构造做法、建筑材料、施工技术等内容进行细化。

(1) 确定场地的绝对标高。在进行施工图设计时,必须确定建设场地内的绝对标高,并且将其与建筑±0.000 标高相对应。

(2) 外墙、屋面、门窗等构造做法。根据前面提到的设计条件,可以判断出多层住宅位于南方地区,处于亚热带季风气候区,所以外墙厚度一般为 200 mm,轴线内外两侧均为 100 mm 厚。根据绿色建筑的相关规范,一般采用高性能蒸压砂加气混凝土砌块作为外墙材料。外墙还应做保温处理,外墙的保温及其他做法需满足建筑节能规范,一般采用外保温的形式,以无机保温砂浆作为外墙保温材料。根据《建筑设计防火规范》(GB 50016—2014)(2018 年版),多层住宅须采用上人屋面的形式,则屋面工程常采用上人屋面的卷材防水,而保温层也需要满足建筑节能规范和具体的设计条件,一般采用挤塑聚苯板作为保温材料。另外,屋面还应该考虑排水,主要考虑屋顶排水沟及雨水管的设置和做法,一般都会采用有组织排水,排水立管常设在建筑的山墙或阴角处。屋面另一个节点则是女儿墙泛水的做法,在施工图设计时须选用合适的图集。门窗做法也须满足该建设区域的相关节能要求,门窗框一般采用断桥铝合金制作,玻璃采用 Low-E(5+12A+5)中空钢化玻璃。

(3) 厨房、卫生间做法。由于厨房和卫生间需要考虑防水和干湿分区,所以在做法上需要做特别的处理。多层住宅一般在厨房和卫生间采用同层排水的形式,常采用降板的处理方式,将厨房和卫生间的排水立管设置在同层楼板上方。这样做最大的好处就是最大限度地避免了本层漏水影响下一层住户。同层排水与隔层排水的示意图如图 8-1 所示。厨房和卫生间地面一般分为干区和湿区,湿区一般需要做地漏排水,地面面层要略低于干区地面面层,其目的是排水。另外,厨房和卫生间地面须做防水处理,干湿分区式卫生间如图 8-2 所示。在图面的表达上须画出 1∶50 的厨房和卫生间的平面放大图。

(4) 室内外装修做法。室外装修做法主要考虑外墙饰面材料,目前多层住宅外墙材料一般采用真石漆、涂料等,应减少外墙面砖的使用,尽量降低外墙面砖空鼓脱落的概率。室内装修做法一般参考相应的图集,需要注意的是,室内装修使用的材料须满足相关的环保要求。

(5) 防火设计。在多层住宅施工图设计中,需要增加建筑防火设计专篇,楼梯间和走道的宽度须满足防火规范要求,必要时楼梯间须做成封闭楼梯间。而在建筑材料的选取上须注意参照《建筑设计防火规范》(GB 50016—2014)(2018 年版),满足其耐火极限的要求。

(6) 制图规范。在绘制施工图时,须参照相关的制图规范,根据柱网的布置定好轴线的位置,图面横纵两个方向不少于三道尺寸标注,图上每个构件、洞口都需要进行尺寸标注,并且需要标到最近的轴线处,最后须统计门窗数量,增添门窗表。

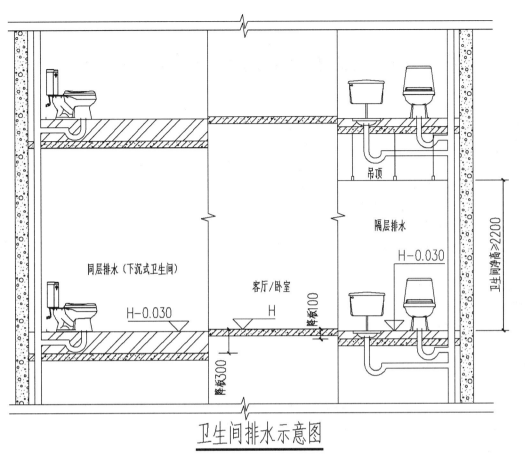

图 8-1　卫生间排水示意图

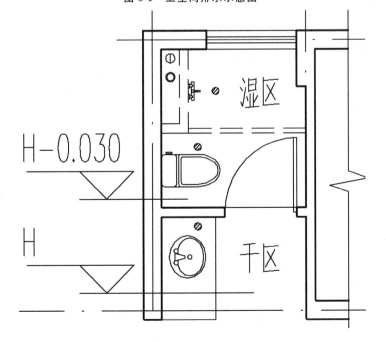

图 8-2　干湿分区式卫生间

第9章 南小18班建筑施工图设计

本章通过我国南方某地18班小学的建筑设计,让读者掌握公共建筑设计的一般方法。要求大家能处理好从总图到单体、从平面到造型的各种关系。要理解如何抓住不同建筑的个性与设计要点,举一反三,从简单到复杂,逐步扩大和加深对建筑设计的理解。能综合运用已学知识去解决设计中的具体问题,从而进一步培养独立设计的能力和分析解决问题的能力。

本书的附图32～附图35提供了笔者草绘的方案设计图,有平面图、立面图、剖面图。读者在进行小学教学楼方案设计遇到困难时可以参看,从中理解笔者的设计思路、发现笔者的表达方法,然后再慢慢动笔进行设计。把这套方案图进行深化,如标注窗户,生成门窗表,绘制门窗大样图;绘制1#、2#、3#卫生间放大平面图;绘制1#、2#、3#楼梯间大样图;绘制标准教室放大平面图等图纸,就基本可以达到任务书中施工图的深度了。

如果绘制施工图有困难,或者从设计方案深化到施工图遇到问题,表达模糊,在本书配套电子资源中,有两套南方小学的建筑施工图,文件格式为DWG,供读者参考。

9.1 设计任务

小学校区是小学生生活与学习的场所,其主要的建筑就是教学楼。此处要求重点对教学楼进行单体建筑设计,然后对小学校园进行简单的规划设计。综合运用在房屋建筑学课程中所学的相关知识,为以后的实际工作打下基础。

9.1.1 设计内容

通过设计,学习建筑设计的常用方式方法,掌握设计公共建筑的要点。通过设计,综合运用所学的房屋建筑学理论知识,合理解决好有关经济适用、技术构造、建筑造型、平面功能、流线疏散等方面的建筑设计问题。通过设计,了解和自觉运用国家有关法规、规范和条例。

我国南方某市城区大型住宅区内拟新建一所18班小学,需进行规划及建筑设计,用地地形及尺寸如图9-1所示。要求进行总平面设计和教学楼单体建筑设计。

▶注意:只针对教学楼进行单体建筑设计。其他建筑物只在总平面图中绘制出轮廓线,而不进行单体建筑设计。

该地块北面、西面为居住区,南面为城市绿地,东面为幼儿园。南侧为10 m宽的城市干道,西侧为7 m宽的居住区道路。

9.1.2 设计条件

本小节主要列举了本例建筑设计中常用的相关资料与要求,这些内容请读者不要忽视,因为在建筑施工图的建筑设计说明中也是需要写出来的。

(1) 气象资料。

主导风向:夏季SSW10(南西南风),冬季NNE10(北东北风)。

气温:最热月平均温度为28.8 ℃,最冷月平均温度为3 ℃;极端最高温度为39.4 ℃,极端最低温度为−18.1 ℃。

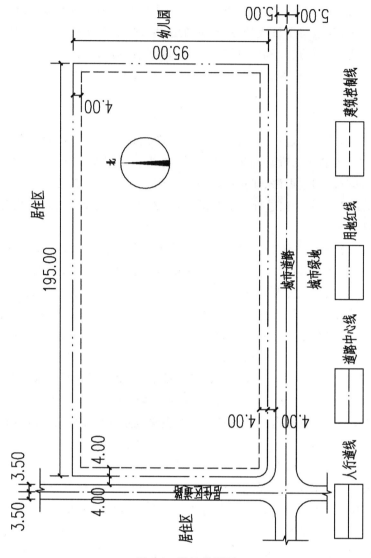

图 9-1 用地地形图

降水:平均年降水量为1230.6 mm,最大暴雨强度为50 mm/h,最大降水量为317.4 mm/d,最大积雪深度为320 mm。

(2) 地质资料。地面为耕植土,1.0 m以下为老黏土,最高地下水位在室外地面以下1.8 m。

(3) 建筑等级。建筑物设计使用年限为50年,耐火等级为二级,屋面防水等级为三级。

(4) 抗震等级。抗震设防烈度为6度。

(5) 结构与构造。

采用钢筋混凝土框架结构。框架柱截面尺寸均选用400 mm×400 mm。

楼板和屋面采用钢筋混凝土现浇楼板,楼梯采用钢筋混凝土现浇板式楼梯。

内外墙采用200 mm厚加气混凝土填充墙,卫生间隔墙可采用100 mm厚加气混凝土填充墙。

建筑物的内外墙装修构造、门窗构造、楼地面构造、屋面防水构造自定。屋面要求进行保温隔热构造设计。

(6) 日照间距。本地区日照间距系数为1.2。

9.1.3 建筑组成

教学楼的总建筑面积:控制在 5500 m² 左右(按轴线计算,上下浮动不超过 15%)。

面积分配:按面积参考表自定,见表 9-1 和表 9-2。

表 9-1 面积参考表 　　　　　　　　　　　　　　　　　(单位:m²/人)

房 间 名 称	小　学
普通教室	1.10
自然教室	1.57
美术教室	1.57
书法教室	1.57
音乐教室	1.57
微机室	1.57
微机室附属用房	0.75
合班教室	1.00

表 9-2 校舍使用面积参考指标表

项　　目	每间面积/m²	18 班 810 人	
		间数	合计/m²
普通教室	52~60	18	936~1080
自然教室	75~89	1	75~89
教具仪器室	36~40	1	36~40
音乐教室	67	2	134
音器室	18	2	36
美术教室	75~89	1	75~89
教具室	36~40	1	36~40
教师阅览室	—	1	60
学生阅览室	—	1	74~82
书库	—	1	56~63
科技活动室	18~20	2	36~40
合班教室	—	1	150
放映室	21	1	21
教师办公室	18	8	144
书法教室	75~89	1	75~89
语言教室	75~89	1	75~89
语言教学准备室	18~20	1	18~20

续表

项　　目	每间面积/m²	18 班 810 人	
		间数	合计/m²
微机教室	75~89	1	75~89
微机教学准备室	18~20	1	18~20
风雨操场	360	1	360
体育器材办公、更衣	18	4	72
行政办公	18	7	126
总务库	18	3	54
开水浴室	—	—	24
传达值班	22	1	22
厕所饮水	—	—	173~185
单身职工宿舍	—	—	42
职工食堂	—	—	48
合计使用面积			3051~3308
每生占使用面积			3.77~4.08
每生占建筑面积			6.28~6.88

9.1.4 设计完成工程量要求

除图纸目录外,其余所有图纸的图幅应为 A1 或 A2 大小。

工作量:不少于 8 张图纸,所有图纸(图幅不论是 A1 还是 A2)上交时都应折叠成 A4 大小(图纸折叠应符合相应标准的要求),并且加上图纸目录(表 9-3)。图纸目录为 A4 幅面。

(1) 设计说明、门窗表、装修表(表 9-4)。

(2) 总平面图,比例为 1:500(全面表达建筑与原有地段的关系及周边道路状况)。

(3) 首层平面图,比例为 1:150~1:100。

(4) 其他各层平面图及屋顶平面图,比例为 1:150~1:100。

(5) 立面图(至少 2 个),比例为 1:150~1:100。

(6) 剖面图(至少 1 个,宜剖切到楼梯、教室等),比例为 1:150~1:100。

(7) 标准教室放大平面图,比例为 1:50。

(8) 楼梯间大样图,比例为 1:50。

(9) 卫生间放大平面图,比例为 1:50。

(10) 门窗大样图,比例为 1:50。

表 9-3 图纸目录

序　号	图　号	图　幅	图　名	备　注
1	建施 01	A2		
2	建施 02	A2		

续表

序 号	图 号	图 幅	图 名	备 注
3				
4				
5				
6				
7				
8				
9				
10				
⋮				

表9-4 装修表

部位	装 修 名 称	装 修 做 法	一　　层					二层及二层以上楼层			
			门厅	传达值班	普通教室	厕所饮水	…	普通教室	微机教室	厕所饮水	…
地面	石材地面(有防水层)	国标 13J502—3—B04—D	▲	▲		▲					
	陶瓷锦砖地面	国标 13J502—3—C04—B			▲						
	⋮										
楼面	石材楼面	国标 13J502—3—B04—A						▲			
	陶瓷锦砖楼面	国标 13J502—3—C04—A								▲	
	⋮										
内墙面	乳胶漆墙面	国标 13J502—1—B04—3	▲	▲	▲			▲	▲		
	釉面砖(瓷砖)墙面	国标 13J502—1—E07—2				▲				▲	
	⋮										
顶棚	轻钢龙骨硅配钙板吊顶	国标 12J502—2—A08	▲	▲	▲			▲	▲		
	轻钢龙骨纸面石膏板(耐水型)吊顶	国标 12J502—2—A09				▲				▲	
	⋮										
外墙	涂料外墙	国标 06J123—13—A									
屋面	防水保温上人平屋面	国标 06J204—13—屋 7									

9.2 设计指导

在 9.1 节布置完了设计任务之后,本节将向读者介绍如何进行设计。这个题目有两个部分:一是方案设计,二是施工图设计。应该先进行方案草图的绘制,在方案定稿后,再慢慢深化到施工图设计。

9.2.1 总平面设计

总平面布局表示了建筑物与构筑物的方位、间距以及道路网、绿化、竖向布置和基地临界情况等,本例主要是要求进行教学楼的单体设计,对总平面要求不高。

(1)出入口。出入口位置、功能分区及建筑造型应服从城市规划的要求。学校的校门不宜开向城市干道或机动车流量每小时超过 300 辆的道路。校门处应留出一定缓冲距离。

(2)各栋建筑的关系。教学用房、教学辅助用房、行政管理用房、服务用房、运动场地、自然科学园地及生活区应分区明确、布局合理、联系方便、互不干扰。并满足使用和卫生要求。学校总平面功能分区联系图如图 9-2 所示。

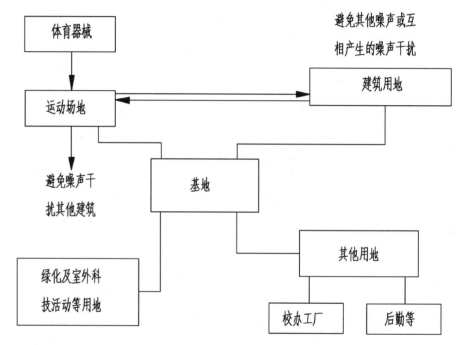

图 9-2 学校总平面功能分区联系图

风雨操场应离开教学区靠近室外运动场地布置。音乐教室、琴房、舞蹈教室应设在不干扰其他教学用房的位置。道路系统需完整通畅,并能满足安全疏散的要求。

(3)建筑物的间距。

教学用房应有良好的自然通风。两排教室的长边相对时,其间距不应小于 25 m。为避免噪声影响,教室的长边与运动场地的间距不应小于 25 m。

(4)运动场地。

课间操:小学生 2.3 m²/人。

篮球场、排球场最少 6 个班设 1 个,足球场可根据条件设置,也可设小足球场。

有条件时,小学高低年级分设活动场地。

田径场:根据条件设 200~400 m 环形跑道;当用地紧张时,至少考虑设 60 m 直线跑道。田径场的布置如图 9-3 所示,其中的详细尺寸安排如表 9-5 所示。

球场、田径场长轴以南北向设计为宜,球场和跑道皆不宜采用非弹性材料铺装。

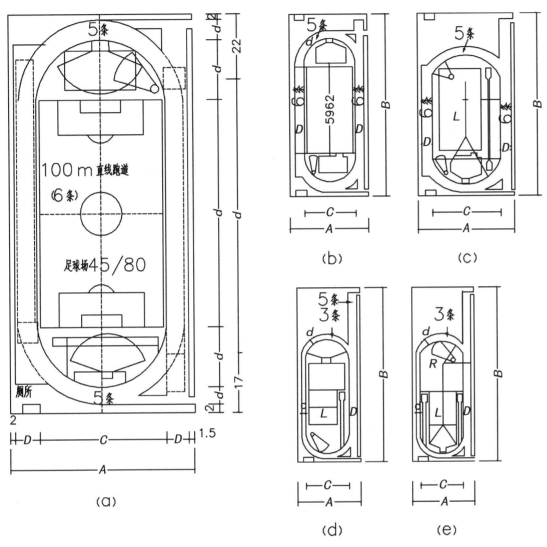

图 9-3 田径场布置

(a) 300 m 跑道；(b) 250 m 跑道；(c) 250 m 跑道；(d) 200 m 跑道；(e) 200 m 跑道

表 9-5 学校田径场尺寸

学校运动场规格	场地尺寸/m				弯曲半径/m		跑道宽度/m	
	A	B	C	L	R	r	D	d
300 m 跑道(a)	65.50	139.00	47.00	75.50	23.50	—	7.50	6.25
250 m 跑道(b)	54.50	129.00	36.00	67.50	18.00	—	7.50	6.25
250 m 跑道(c)	68.00	129.00	49.50	26.13	33.00	16.50	7.50	6.25
200 m 跑道(d)	43.50	124.00	30.00	52.00	15.00	—	6.25	3.75
200 m 跑道(e)	43.50	124.00	30.00	39.81	20.00	10.00	6.25	3.75

9.2.2 建筑设计

本小节为读者介绍了小学教学楼中建筑设计的一般要点，主要是一些平面组合方式。这也是做建筑方案需要注重的问题，只有将功能设计合理后，才能进行其他操作。

（1）各类用房的组成与要求。

小学建筑由教学用房、办公用房、辅助用房、生活服务用房四大部分组成。

①教学用房包括普通教室、专用教室（试验教室、音乐教室、美术教室等）、公共教室（合班教室、视听教室、微机教室等）、图书阅览室、科技活动室及体育活动室（风雨操场）等。应根据学校的类型、规模，教学活动要求和条件，分别设置以上所列一部分或全部教学用房及教学辅助用房。

②办公用房包括教学办公用房和行政办公用房。教学办公用房是提供给老师用于备课、批改作业、辅导学生、课间休息等的房间。行政办公用房包括党务、行政、教务、总务等各职能部门的办公室和会议室。

③辅助用房包括交通系统、厕所、开水间、贮藏室等房间。

④生活服务用房包括传达收发室、教职工食堂、开水间等房间。

小学主要用房的面积参考指标：详见表 9-2。

（2）教学用房组合原则。

①各种不同性质的用房宜分区设置，应功能分区合理、相互联系方便。

②以教学年级为单位设计平面图和布置层次。

③交通流畅，满足安全疏散要求。处理好各种房间的关系。

④布局紧凑、结构合理。有利于设备布置。

⑤教学用房大部分要有合适的朝向和良好的通风条件。朝向以南向和东南向为主。处理好学生厕所与饮水位置，避免交通拥挤、气味外溢。

（3）教学用房的组合类型。

①一字型：体型简单，施工方便。

②折线型：功能分区明确，相互干扰少。

③天井型：也称庭院型，室外空间可以处理得更加丰富活泼，但要处理好东西向房间的防晒。

④不规则型：有很强的适应性。

⑤单元组合型：由若干教室组成一个单元后进行组合，有较大灵活性。

各种类型组合平面示意图如图 9-4 所示。

（4）教学用房的组合方式。

①内廊式组合。布局紧凑，房屋进深大，经济，但教室之间干扰大，适合用于北方，因为北方需要集中供暖。

②外廊式组合。通风好，教室之间干扰小，走廊便于课间休息，适合用于南方。

③内外廊混合式组合。采光、通风好，教室之间干扰少。

各种组合方式示意图如图 9-5 所示。

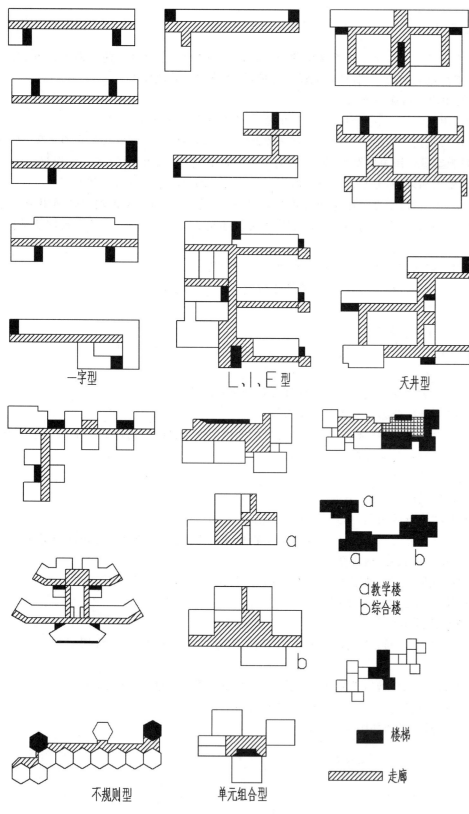

一字型

L、I、E 型

天井型

a教学楼
b综合楼

■ 楼梯
▨ 走廊

不规则型

单元组合型

图 9-4 教学用房的组合类型

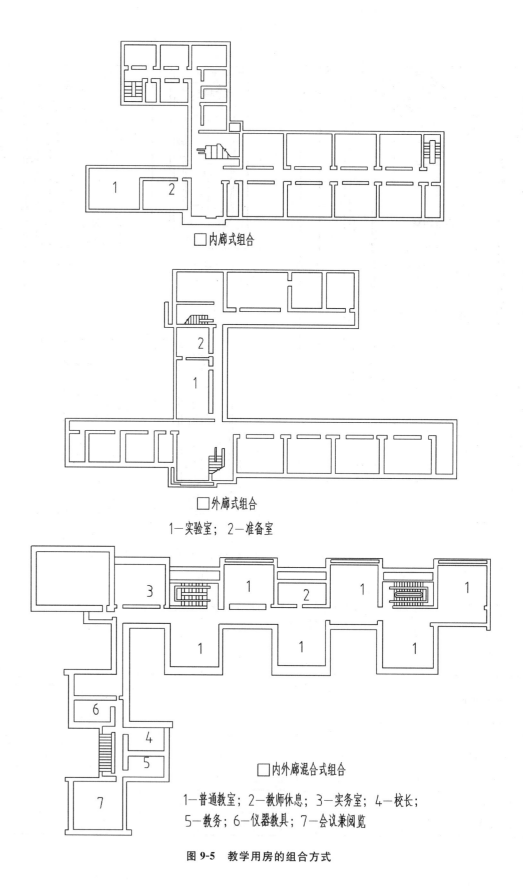

□内廊式组合

□外廊式组合

1—实验室；2—准备室

□内外廊混合式组合

1—普通教室；2—教师休息；3—实务室；4—校长；
5—教务；6—仪器教具；7—会议兼阅览

图 9-5 教学用房的组合方式

第 10 章　装配式建筑

随着现代工业技术的发展,建造房屋可以像机器生产那样成批成套地制造。只要把预制好的房屋构件运到工地装配起来就可以了。

装配式建筑在 20 世纪初就开始引起人们的兴趣,到 20 世纪 50 年代终于实现。英、法、苏联等国首先做了尝试。由于装配式建筑的建造速度快,而且生产成本较低,迅速在世界各地推广开来。

中华人民共和国成立之后,开始尝试采用装配式建筑。但直到 2015 年才开始密集出台各类装配式建筑政策。2020 年 8 月 28 日,住房和城乡建设部、教育部、科技部、工业和信息化部等九个部门联合印发《住房和城乡建设部等部门关于加快新型建筑工业化发展的若干意见》,倡导以新型建筑工业化带动建筑业全面转型升级,打造具有国际竞争力的"中国建造"品牌。

10.1　装配式建筑概述

装配式建筑把传统建造方式中的大量现场作业转移到工厂中进行。在工厂加工制作好建筑的构件和配件(如楼板、墙板、楼梯、阳台等),将其运输到建筑施工现场,并通过可靠的连接方式在现场进行装配安装。

10.1.1　装配式建筑的分类

装配式建筑主要分为现代木结构、预制混凝土结构、钢结构三类。其中,现代木结构主要在国外运用。

1. 现代木结构

现代木结构有环保、保温、节能、抗震、方便施工等优点,但同样也有不耐火、节材难等缺点。如图 10-1 所示为木构件装配现场。

2. 预制混凝土结构

预制混凝土(precast concrete,PC)结构是指以工厂化生产的钢筋混凝土预制构件为主,通过现场装配的方式设计建造的混凝土结构类房屋建筑。预制混凝土结构的主体结构依靠节点和拼缝连接成整体并同时满足使用阶段和施工阶段的承载力、稳固性、刚性、延性要求。结构连接采用钢筋的连接方式,分为灌浆套筒连接、搭接连接和焊接连接三种。如图 10-2 所示为建筑工人正在现场装配预制混凝土外墙板。

3. 钢结构

钢结构是由钢制材料组成的结构,是主要的建筑结构类型之一。钢结构主要由型钢和钢板等制成的钢梁、钢柱、钢桁架等构件组成,并采用硅烷化处理、纯磷化处理、镀锌等工艺除锈和防锈。各构件或部件之间通常采用焊缝、螺栓或铆钉连接。钢结构因自重较轻且施工简便,从而广泛应用于大型厂房、场馆、超高层建筑等领域。如图 10-3 所示为使用 Tekla Structures 2020 软件设计的一栋 20 层的高层钢结构住宅楼。

图 10-1　木构件装配现场

图 10-2　预制混凝土外墙板装配

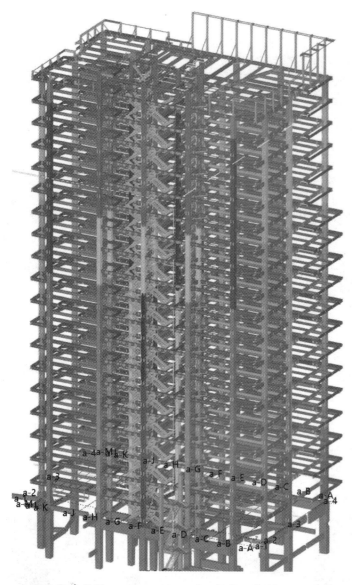

图 10-3 使用 Tekla Structures 2020 软件设计的钢结构建筑

10.1.2 装配式建筑的特点

装配式建筑的优点:施工周期短、建设成本低。

装配式建筑的缺点:外形呆板、功能单一。

装配式建筑的这些优缺点在 20 世纪 50 年代苏联大量营建的"赫鲁晓夫楼"上都展现无遗。

苏联领导人赫鲁晓夫在回忆录中提到,他和尼古拉·亚历山德罗维奇·布尔加宁早在 20 世纪 30 年代,即试图用大型装配式钢筋混凝土构件把大波利亚纳、莫斯科河南岸地区在建的一所中学装配出来。试验以失败告终,但自此以后,他一直关注这种建筑模式。1949 年,赫鲁晓夫被调往莫斯科后,组建了两家大型装配式建筑工厂。

随着这两家工厂投入生产,莫斯科开始了一场房屋建设技术革命,出现了普及型、价格适中的住宅工艺。1954 年,装配式房屋建筑的主要技术问题已经解决。莫斯科的工厂分三班倒,在流水线上制

造楼房的墙壁、楼层板和内部隔板。运输企业统筹运输工作,将装配式建筑的构件运到各建筑工地。赫鲁晓夫也开始在全国推广这种建筑模式。当年的 12 月 1 日,苏联的建筑工作者会议在莫斯科召开,赫鲁晓夫在会上要求着手进行大规模住宅建设。他建议数百个部属的和其他建筑与交通事务所联合成为一个拥有最新设备的建筑安装部门,而其内部的一切工艺也都实行专业化,建成类似工厂传送带的工艺链。

1955 年,苏共中央和苏联部长会议专门就此下发了文件,要求在住宅设计和建设中厉行节约,杜绝铺张浪费。正是根据这份对后来一段时期的苏联住宅建设风格产生很大影响的文件,苏联开始兴建千篇一律的 5 层标准小户型住宅楼。这种统一标准的 5 层小户型装配式住宅楼,被称为"赫鲁晓夫楼",如图 10-4 所示。

图 10-4 赫鲁晓夫楼

为了降低施工成本和保证工期,这种住宅楼取消了斯大林时期盛行的拱门和柱廊等装饰,并严格控制厨房、卫生间、门厅和过道的面积。与斯大林时期彰显民族风格的建筑相比,不加任何装饰的"赫鲁晓夫楼"虽说其貌不扬,但功能比较到位,辅助设施也相对齐全。客观地说,在当时的社会条件下,"赫鲁晓夫楼"在较短时间内改善了居民的住房条件。

1961 年,苏联的城市人口首次超过了农村人口,达到 1.27 亿。其中不得不说有"赫鲁晓夫楼"的功劳,其满足了千万人的城市住房需求。

随着社会的发展和人们对"舒适生活"的理解发生变化,当年建造的"赫鲁晓夫楼"越来越暴露出明显弊端。加上年久失修、功能退化,已经难以适应现代生活的基本需求,因而成为各地政府部门和居民的"心头之患"。1996 年,时任莫斯科市长的卢日科夫就开始着手拆除赫鲁晓夫楼。此后 20 年里,拆迁工作断断续续。2017 年初,莫斯科市长谢尔盖·索比亚宁再次将拆迁计划作为一个重点市政项目提出,并获得了支持。

10.1.3 装配式建筑的核心参数

在装配式建筑中有两个核心参数,即预制率与装配率。这两个参数是业主、设计方、施工方都关心的内容。因为国家、地方出台了很多针对这两个参数的政策,只有达到了相应的标准,才能被评判为装配式建筑,才能享受中央或地方的相关优惠政策。

1. 预制率

建筑单体预制率是指混凝土结构、钢结构、钢-混凝土混合结构、木结构等结构类型的装配式建筑在±0.000 以上的主体结构和围护结构中预制构件部分的材料用量占对应构件材料总量的比率。其中,预制构件包括墙体(剪力墙、外挂墙板)、柱、斜撑、梁、楼板、凸窗、空调板、阳台板、女儿墙等。

预制率的具体计算,可以参照下面两个方法进行。

(1) 方法一(仅适合用于混凝土结构):预制率=预制部分混凝土/(现浇部分混凝土+预制部分混凝土)×100%。

(2) 方法二(适合钢结构、钢-混凝土混合结构、木结构):预制率=Σ(构件权重×修正系数×预制构件比例)×100%。

▶ 注意:构件权重、修正系数需要查预制率计算细则中的相关表格,根据结构形式、构件类型得到相应数值。

2. 装配率

与预制率相比,各省、市(直辖市)、自治区对装配率的定义完全不一样。有用模板进行计算的、有用构件数量进行计算的、有用体积进行计算的、有用权重进行计算的、有通过专家打分进行计算的,现阶段装配率的计算还没有统一标准。

此处引用某省计算居住建筑装配率的评分表,让读者直观了解在装配率打分时具体涉及的相关项目,如表 10-1 所示。

表 10-1　某省居住建筑装配率评分表

评 价 项		评价要求(装配率)	评价分值	最低分值
主体结构(50 分)Q_1	竖向承重构件 q_{1a}	35%~80%	20~30	30
	水平承重构件 q_{1b}	70%~80%	10~20	
外围护结构(15 分)Q_2	非承重外围护墙体非砌筑 q_{2a}	50%~80%	2~5	6
	外围护墙与保温一体化 q_{2b}	50%~80%	2~5	
	外围护墙与装饰一体化 q_{2c}	50%~80%	2~5	
内部装修(25 分)Q_3	非承重内隔墙非砌筑 q_{3a}	50%~80%	5~10	15
	内部装修 q_{3b}	50%~80%	5~10	
	集成式厨房 q_{3c}	≥70%	2	
	集成式卫生间 q_{3d}	≥70%	3	
管线(5 分)Q_4	管线与主体结构分离 q_{4a}	50%~70%	3~5	3
BIM 应用(5 分)Q_5	采用 BIM 进行管线综合设计 q_{5a}	全面采用	3	5
	部品部件的 BIM 应用 q_{5b}	≥70%	2	

10.1.4 单类别构件重复率

在装配式建筑中,为了降低建筑成本,往往需要批量生产建筑构件。建筑构件的类型越少,单一类型构件的数量越多(这就是单一构件的重复),生产成本就越低。笔者根据这个情况,提出了构件重复率的理念。因为构思的时间不长,仅供大家讨论。

构件重复率分单类别构件重复率(如门重复率、窗重复率、外墙板重复率、梯段重复率等)和多类别构件重复率两种。

构件重复率的数学模型建立很复杂。建立多类别构件重复率就更麻烦了。本小节利用一个单层公共建筑,建筑功能为垃圾中转站和公共厕所,来说明单类别构件重复率(用窗类别构件重复率来说明)偏高与偏低的情形。

对于这栋单层的公共建筑,此处设计了三个方案,分别如图 10-5、图 10-6、图 10-7 所示。这三个方案开窗的面积一致,但是开窗的方式(即选用的窗的类型)不一样,详见表 10-2。设计三个方案是为了说明窗重复率。

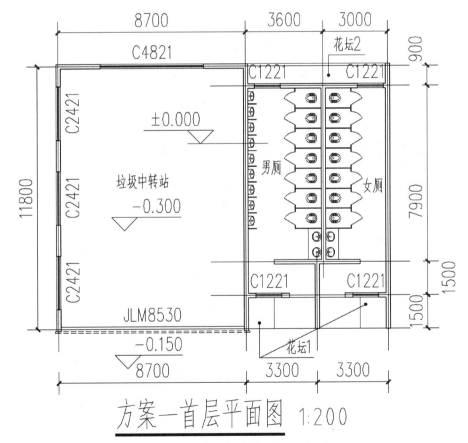

注意:图中未标明处门洞洞口宽度皆为 1200 mm。

图 10-5　方案一首层平面图

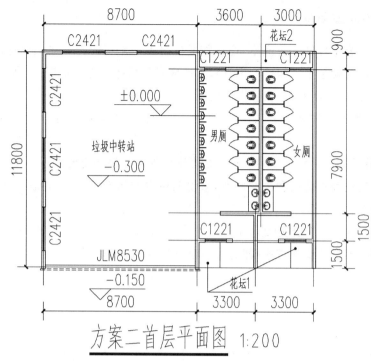

方案二首层平面图 1:200

注意：图中未标明处门洞洞口宽度皆为1200 mm。

图 10-6 方案二首层平面图

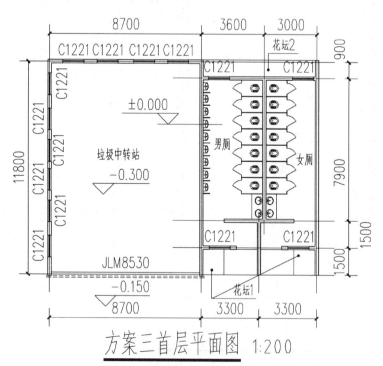

方案三首层平面图 1:200

注意：图中未标明处门洞洞口宽度皆为1200 mm。

图 10-7 方案三首层平面图

表 10-2 窗统计表

方 案	窗类型数	窗 名 称	个 数	窗重复率
方案一	3	C4821	1	低
		C2421	3	
		C1221	4	
方案二	2	C2421	5	中
		C1221	4	
方案三	1	C1221	14	高

从表 10-2 可以看出,方案三只使用了一种类型的窗——C1221,而且这种窗的数量是 14 个,所以方案三的窗重复率最高。方案一使用了三种类型的窗,而且窗 C4821 只有 1 个,所以方案一的窗重复率最低。

10.2 两种特殊的装配式建筑

本节将介绍两种特殊的装配式建筑,即集装箱式建筑与模块化建筑。这两者不仅是特殊的装配式建筑,而且是装配式建筑设计的一种新尝试。

10.2.1 集装箱式建筑

集装箱过去只是简单地作为运输工具。后来,人们发现可以住在里面,便慢慢发展出一种建筑形式,即集装箱式建筑。集装箱式建筑的历史只有几十年。在欧美国家,集装箱式建筑的设计、应用要普遍一些。近些年来,集装箱式建筑才渐渐进入我国建筑师的视线。集装箱作为一种新型的造型工具和结构工具,目前主要用于居室、办公楼、美术馆、博物馆、商店等建筑中。

1. 集装箱的优点

(1)集装箱本身拥有很高的强度,经受荷载的能力高于一般普通建筑,具备抗震、抗压、抗变形的基础。

(2)集装箱活动板房在组装、拆卸和运输方面具有便捷的特点。

(3)因为集装箱是固定尺寸的,可简化施工工序,在搭建方面具有耗时短的长处。

(4)集装箱活动板房的材质多为钢材,建筑能耗少,因此具有成本低廉、牢固稳定的特点。

(5)集装箱活动板房的大部分材料可以再利用,不会产生太多建筑垃圾,因此具备低碳环保的特点。

2. 集装箱的缺点

集装箱活动板房的材料多为钢材,容易产生腐蚀等情况,而且保温、隔热、隔声等性能欠佳,因此必须采取加保温棉、岩棉板、硅酸盐板等保温措施,而且必须涂刷防锈漆,以避免箱体腐蚀。

在采用多个箱体的情况下,建筑师通过叠加、相交、错位、直立、站立等方式进行组合,以不同角度、高度产生一些架空、阳台、走廊等空间。可以依据实际项目需要,塑造出不同类型的建筑,创造独特的集装箱艺术气息。集装箱式建筑的组合方法直接取决于集装箱所能支持的空间格局。内部空间尺度的差异对应着集装箱组合拼接设计方法的差异。

集装箱式建筑的代表就是 2020 年为集中收治新型冠状病毒肺炎患者,在武汉建设的火神山医院与雷神山医院。

武汉火神山医院位于武汉市蔡甸区知音湖大道,是参照 2003 年抗击非典期间建设的北京小汤山医院建设的一座专门医院,用于集中收治新型冠状病毒肺炎患者。为了与病魔抢时间,从方案设计到建成交付仅用 10 天,中国速度备受赞誉。在武汉火神山医院建设的过程中,武汉市新冠肺炎疫情防控指挥部举行调度会,决定在武汉市江夏区强军路再建一座同类别医院——武汉雷神山医院。

火神山医院与雷神山医院能在这么短的时间内建设完成,就是依托了集装箱式建筑的设计与营造理念。

在进行集装箱式建筑设计时,一个集装箱的尺寸一般为 6000 mm×3000 mm×3000 mm(长×宽×高),主要运用叠加、并联、错位等方式进行组合。如图 10-8、10-9 所示为一栋两层集装箱式装配住宅的一层平面图和二层平面图。

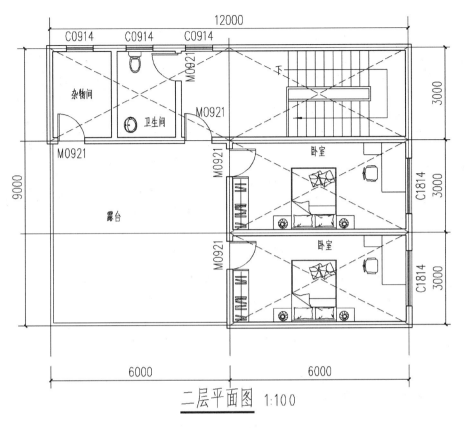

图 10-9 二层平面图

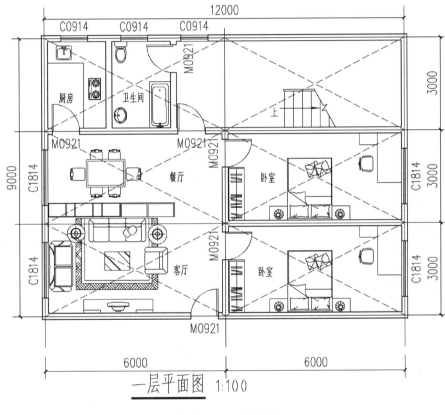

图 10-8 一层平面图

10.2.2 模块化建筑

模块化是一种建筑设计的手法,通过这种手法设计出来的建筑就称为模块化建筑。

最常见的模块的形状是长方体,也有棱柱、圆柱、圆球等其他形状。

选定几个类型的模块,通过满足一定要求的拼接,就可以形成标准层的模块拼接图。对模块拼接图进行深化,就可以形成标准层的建筑设计方案图。

下面用一个以两部双跑楼梯为疏散梯的高层装配式住宅楼为实例,为读者介绍模块化设计的一般方法。

这个住宅楼选用五种模块,分别为普通模块、连廊模块、核心筒模块、走道模块和拼接模块。这五种模块的具体尺寸如图 10-10 所示。

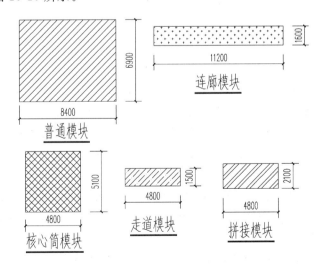

图 10-10 五种模块的尺寸

将这五种模块,按照建筑设计的要求进行拼接,完成之后得到模块拼接图,如图 10-11 所示。由于这栋建筑的功能是住宅,在拼接时应遵循以下两个原则。

(1)保证每个房间都有对外墙开的窗。

(2)保证每一户都南北通透。

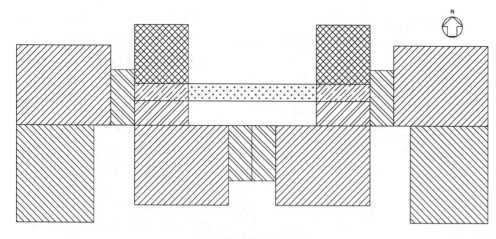

图 10-11　模块拼接图

在这个基础上继续深化设计,得到标准层户型方案设计图,如附图 36 所示。

现在要谈一个很重要的问题:为什么要使用模块化设计这种手法?

使用模块化设计之后,建筑构件尺寸的类型就会减少,构件重复率就会上升,这样就会降低建筑成本,所以笔者在设计装配式建筑时,会使用模块化设计的建筑设计手法。

对这个实例进行进一步深化,可得到装配式外墙板设计图,如附图 37 所示。

10.2.3　模块化建筑设计实战——大平层

2015 年 10 月,中国共产党第十八届中央委员会第五次全体会议公报指出:坚持计划生育基本国策,积极开展应对人口老龄化行动,实施全面二孩政策。有了两个孩子,买什么样的房子?这不仅是业主要考虑的事情,更是各房地产开发商要思考的问题。两个孩子各住一间房,夫妻住一间房,然后加一间书房或多功能房,也就是至少需要四室两厅两卫这种套型。高层住宅中四室两厅两卫套型的建筑面积一般都要大于 140 m²。

2021 年 5 月 31 日中共中央政治局召开会议,听取"十四五"时期积极应对人口老龄化重大政策举措汇报,审议《关于优化生育政策促进人口长期均衡发展的决定》。会议指出,党的十八大以来,党中央根据我国人口发展变化形势,先后做出实施单独两孩、全面两孩政策等重大决策部署,取得积极成效。同时,我国人口总量庞大,近年来人口老龄化程度加深。进一步优化生育政策,实施一对夫妻可以生育三个子女政策及配套支持措施,有利于改善我国人口结构、落实积极应对人口老龄化国家战略、保持我国人力资源禀赋优势。

那么有了三个孩子,业主应该买什么样的房子呢?三个孩子,并不只是意味着在两个孩子的基础上又增加一个,也并不是在四室两厅两卫的基础上再加一两间房的问题,还面临着生活方式转变的问题,会由小家庭的生活方式转变为大家庭的生活方式。

要满足这样的生活方式需求,别墅是第一选择。但是,别墅这种建筑形式也有明显的弱点,如容积率低、占地大,不适合在用地紧张的城市进行大规模建设。因此,一种新的建筑形式就应运而生,那就是大平层。大平层号称是没有庭院但带电梯的别墅。

大平层就是将别墅的设计理念运用到建筑物的一层上,由于这一层面积比较大,所以称为大平层。从楼层数上来讲,大平层叠加可以建成多层、小高层、高层。这样,其容积率就变大了,相应每一户的占地面积就变小了,可以在城市中大规模建设。大平层用电梯进行垂直交通,而且套内没有楼

梯,解决了无障碍问题,更适合大家庭生活。

下面笔者使用模块化的建筑设计手法设计了一个大平层的方案,供读者参考。

(1) 选用 8400 mm ×8400 mm 的模块。8400 mm ×8400 mm 既是模块尺寸,也是柱网尺寸。使用 8400 mm ×8400 mm 的柱网尺寸时,一层的架空空间、地下室可以方便地设计停车位。

(2) 模块的拼接。一个模块的面积是 8400 mm×8400 mm＝70560000 mm²＝70.56 m²。此处使用三个模块进行拼接,其总建筑面积就是 70.56 m² ×3＝211.68 m²。三个模块拼接的方法,如图 10-12 所示。图中①处的模块是公共区域,②处的模块是过渡区域,③处的模块是私密区域,套内采用走道组织空间。这种组织空间的方式,可以做到动静分区、公共私密分区。因为采用模块化的设计手法,如果觉得面积小了,可以再增加一个或几个模块。

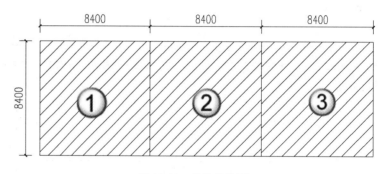

图 10-12　模块拼接图

(3) 户型平面图。笔者根据模块拼接图,绘制了户型平面图。这个户型方案可以用于多层建筑,也可以用于小高层建筑。结构形式可以是框架结构,也可以是框架剪力墙结构。建筑面积为 211.68 m²,没有考虑家政人员用房。设计时,充分考虑到采光与通风:除了一间次卫(次要卫生间)外,每间房间皆有对外墙开的窗;门与窗的设计,考虑了南北通透,可形成南北向的穿堂风。根据高品质的生活要求,设计了环岛式厨房与带化妆功能的步入式衣帽间。更详细的内容,请参看附图 38。因为使用了严格的模块化设计,可以很方便地进行装配式深化设计,此处就不展开讲解了。

附　　录

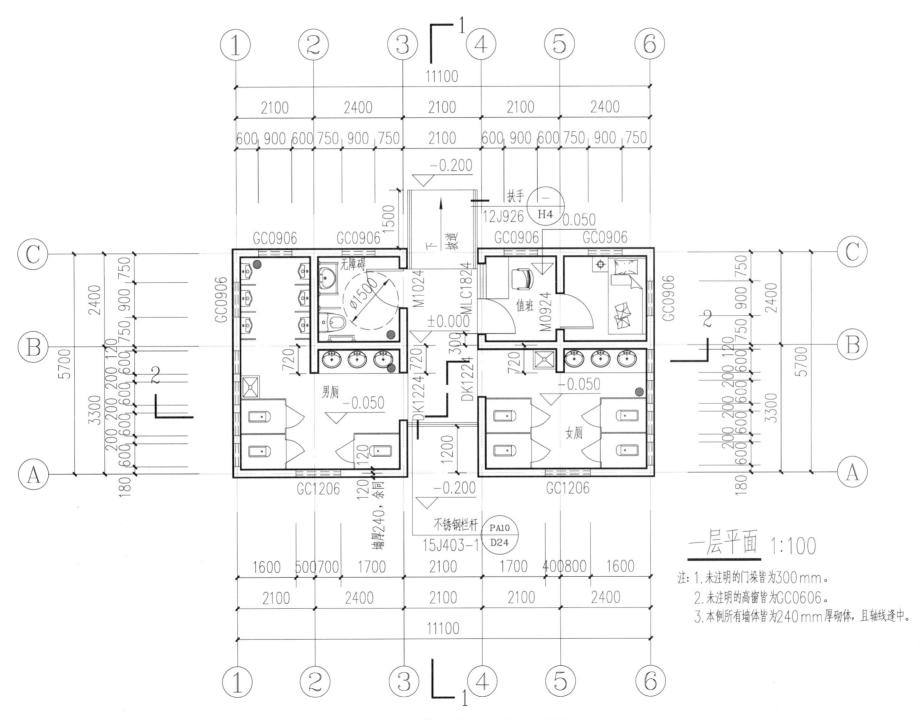

附图1　某一层公共卫生间一层平面图

一层平面 1:100

注：1. 未注明的门垛皆为300mm。
　　2. 未注明的高窗皆为GC0606。
　　3. 本例所有墙体皆为240mm厚砌体，且轴线逢中。

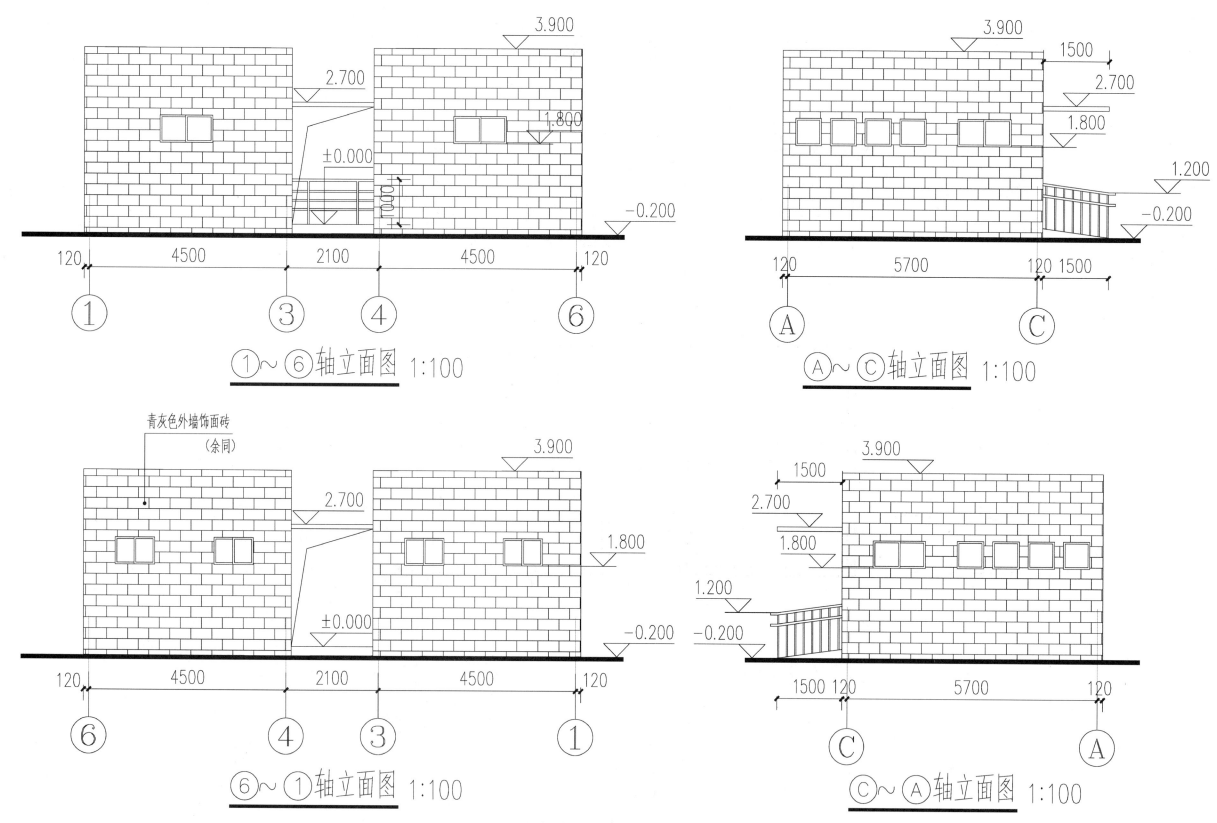

①～⑥轴立面图 1:100

Ⓐ～Ⓒ轴立面图 1:100

青灰色外墙饰面砖
(余同)

⑥～①轴立面图 1:100

Ⓒ～Ⓐ轴立面图 1:100

附图2 某一层公共卫生间立面图

门窗表

类型	设计编号	洞口尺寸/mm	数量/樘	图集名称	页次	选用型号	备注
普通门	M0924	900X2400	1	06J607-1	12	PM1	
	M1024	1000X2400	1	06J607-1	12	PM1	
门连窗	MLC1824	1800X2400	1	06J607-1	12	TY4	
普通窗	GC0606	600X600	8	06J607-1	10	XNP1	窗台高: 1.8 m（以±0.000为基准）
	GC0906	900X600	6	06J607-1	10	XNP2	窗台高: 1.8 m（以±0.000为基准）
	GC1206	1200X600	2	06J607-1	10	XNP2	窗台高: 1.8 m（以±0.000为基准）
洞口	DK1224	1200X2400	2	—	—	—	

卫生间做法

图例	名称	使用图集			图例	名称	使用图集		
		图集名	页次	型号			图集名	页次	型号
	蹲便器	16J914-1	XT18	1		墙地抓杆	12J926	J17	3
	坐便器	16J914-1	XT17	1		墙墙抓杆	12J926	J16	2
	大便隔断	16J914-1	XT9	1		面盆抓杆	12J926	J16	1
	小便隔板	16J914-1	XT10	4		无障碍面盆	12J926	J14	1
	地漏	16J914-1	XT26	3		面盆	16J914-1	XT12	2
	卫生纸盒	16J914-1	XT29	1		小便器	16J914-1	XT15	2
	污水池 (500 mmX600 mm)	16J914-1	XT24	3		梳妆台	16J914-1	XT25	4

附图 3　某一层公共卫生间门窗表、做法

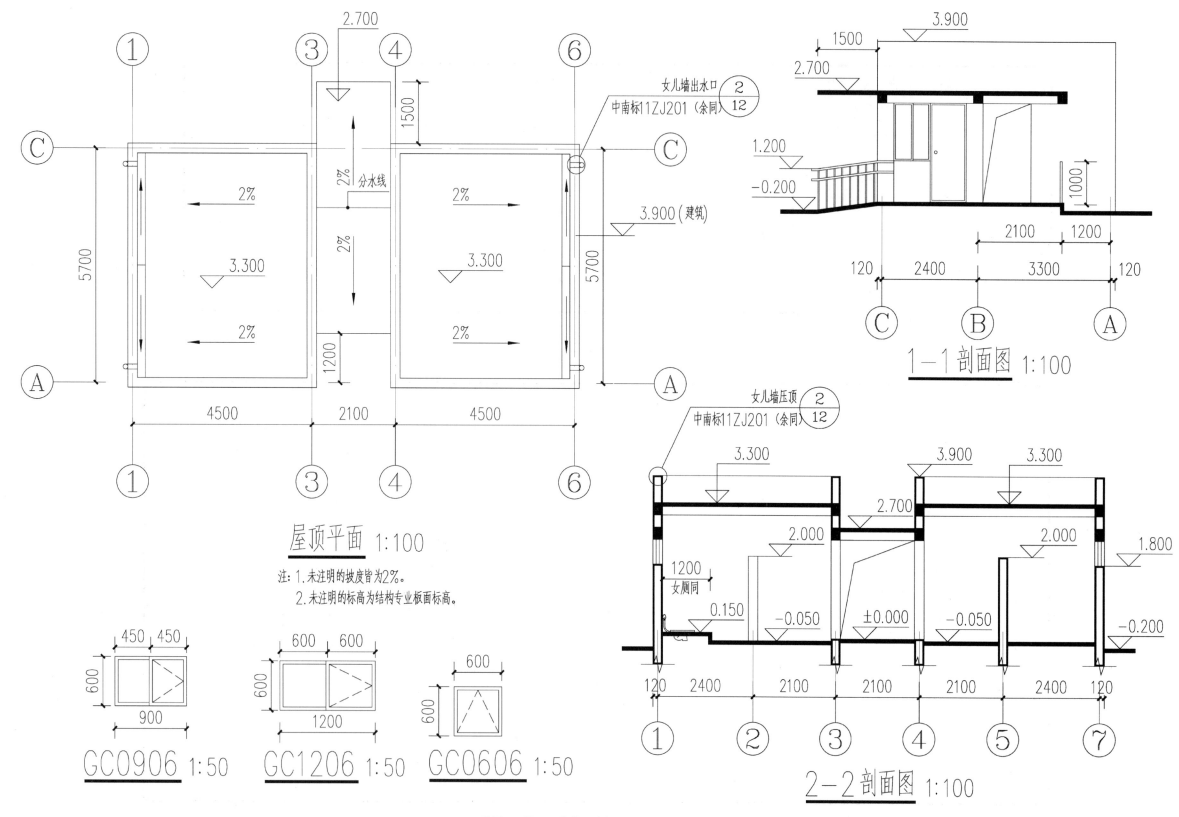

屋顶平面 1:100

注: 1.未注明的坡度皆为2%。
　　2.未注明的标高为结构专业板面标高。

女儿墙出水口 ②/12 中南标11ZJ201 (余同)

1—1剖面图 1:100

女儿墙压顶 ②/12 中南标11ZJ201 (余同)

2—2剖面图 1:100

GC0906 1:50　　GC1206 1:50　　GC0606 1:50

附图4　某一层公共卫生间屋顶平面图、剖面图

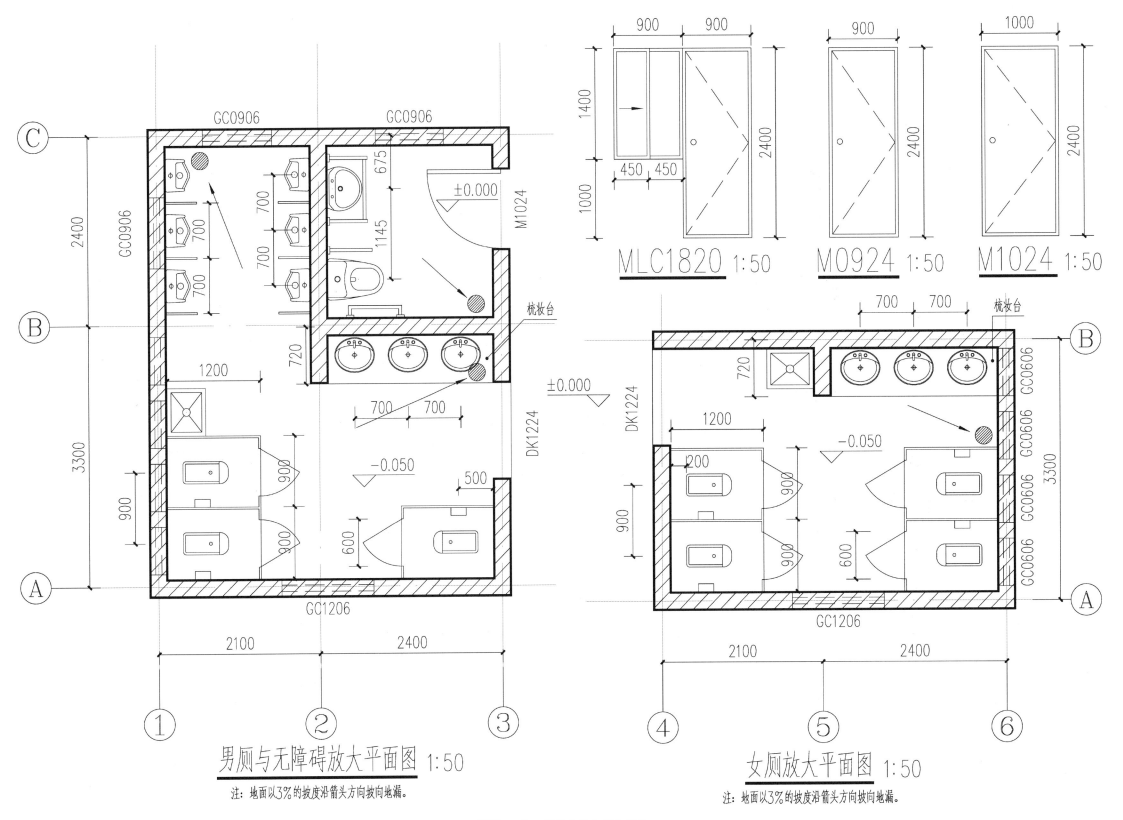

MLC1820 1:50　　M0924 1:50　　M1024 1:50

梳妆台

DK1224

男厕与无障碍放大平面图 1:50
注：地面以3%的披度沿箭头方向披向地漏。

女厕放大平面图 1:50
注：地面以3%的披度沿箭头方向披向地漏。

附图5　某一层公共卫生间大样图

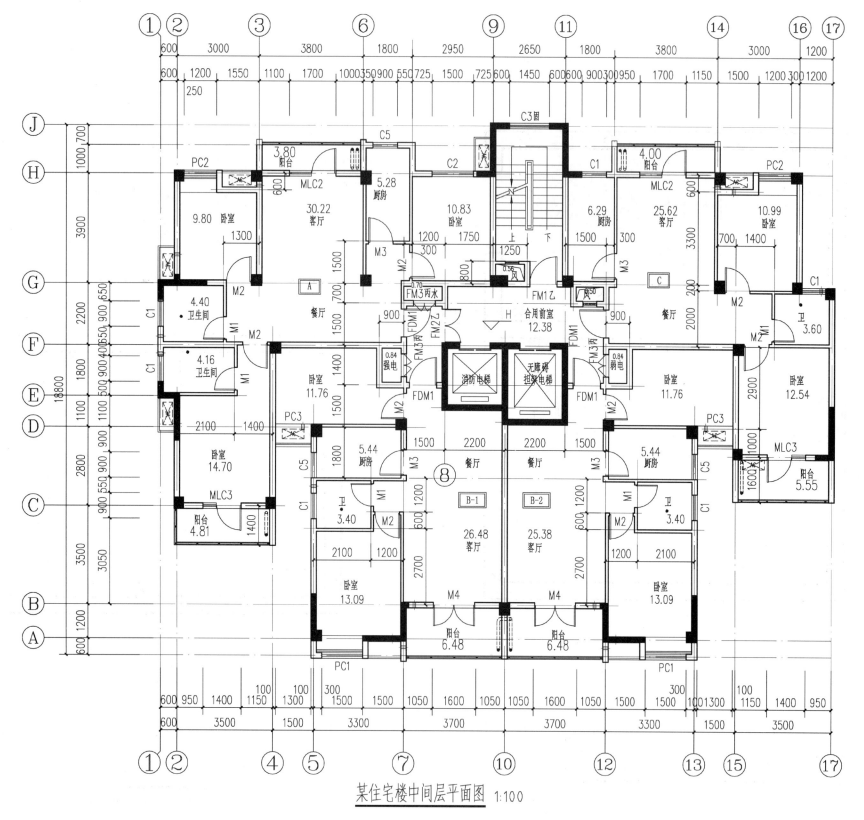

某住宅楼中间层平面图 1:100

附图6 某高层住宅中间层平面图

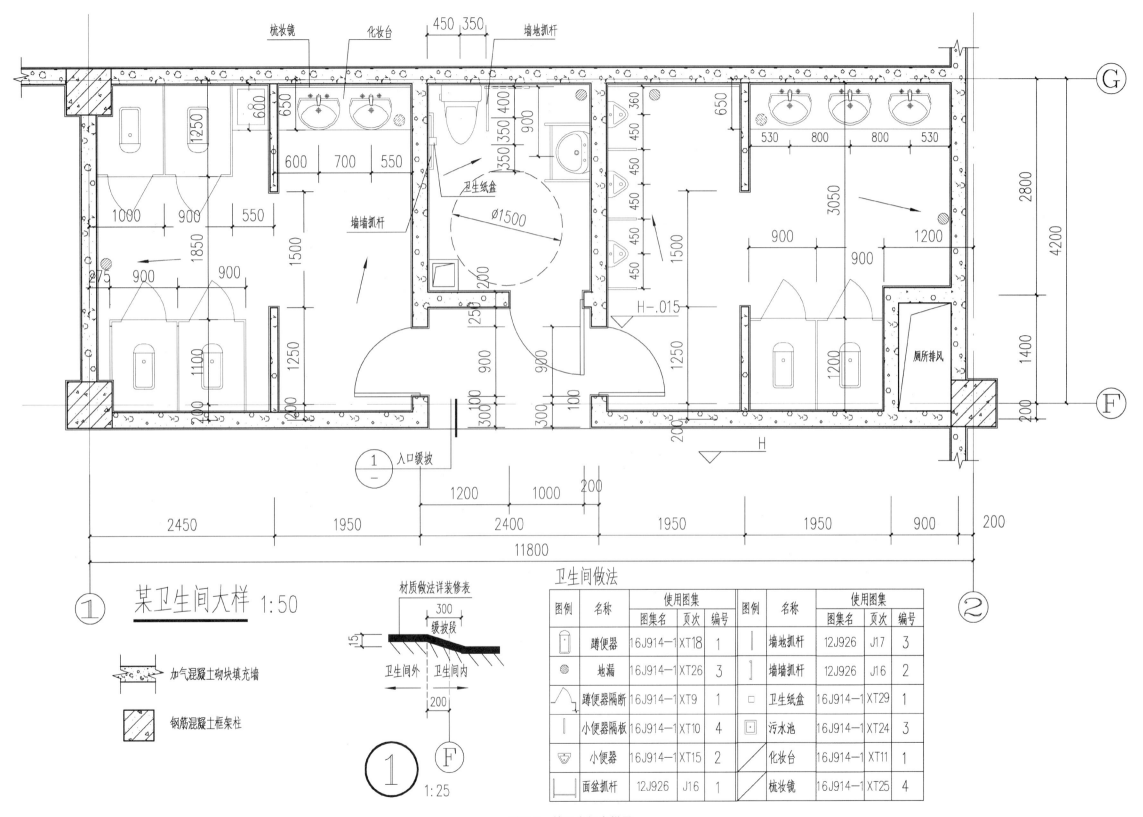

梳妆镜　化妆台　450　350　墙地抓杆

卫生纸盒　Ø1500

墙墙抓杆

厕所排风

H-.015

H

2800　4200　1400

① 入口缓坡

11800

某卫生间大样 1:50

材质做法详装修表　300　缓坡段

卫生间外 | 卫生间内　200

① 加气混凝土砌块填充墙

钢筋混凝土框架柱

① ⒡ 1:25

卫生间做法

图例	名称	使用图集			图例	名称	使用图集		
		图集名	页次	编号			图集名	页次	编号
	蹲便器	16J914-1	XT18	1		墙地抓杆	12J926	J17	3
	地漏	16J914-1	XT26	3		墙墙抓杆	12J926	J16	2
	蹲便器隔断	16J914-1	XT9	1		卫生纸盒	16J914-1	XT29	1
	小便器隔板	16J914-1	XT10	4		污水池	16J914-1	XT24	3
	小便器	16J914-1	XT15	2		化妆台	16J914-1	XT11	1
	面盆抓杆	12J926	J16	1		梳妆镜	16J914-1	XT25	4

附图 7　某卫生间大样图

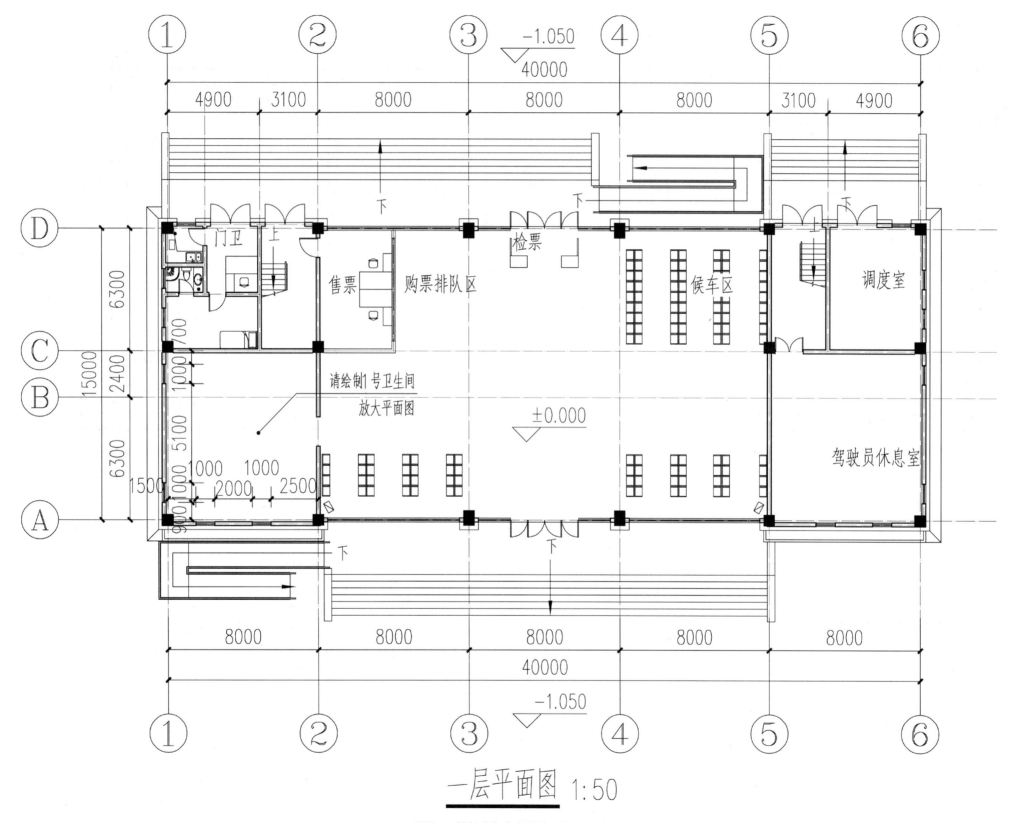

一层平面图 1:50

附图8　某长途汽车客运站一层平面图

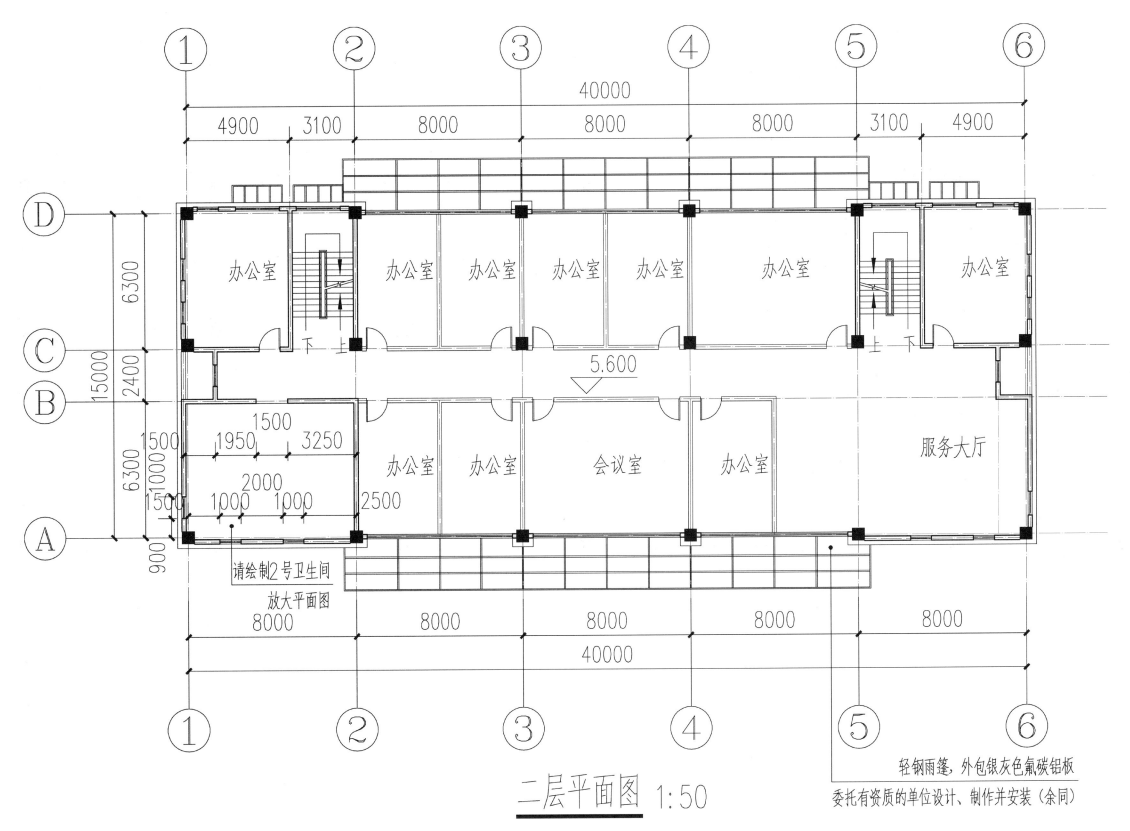

二层平面图 1:50

附图 9 某长途汽车客运站二层平面图

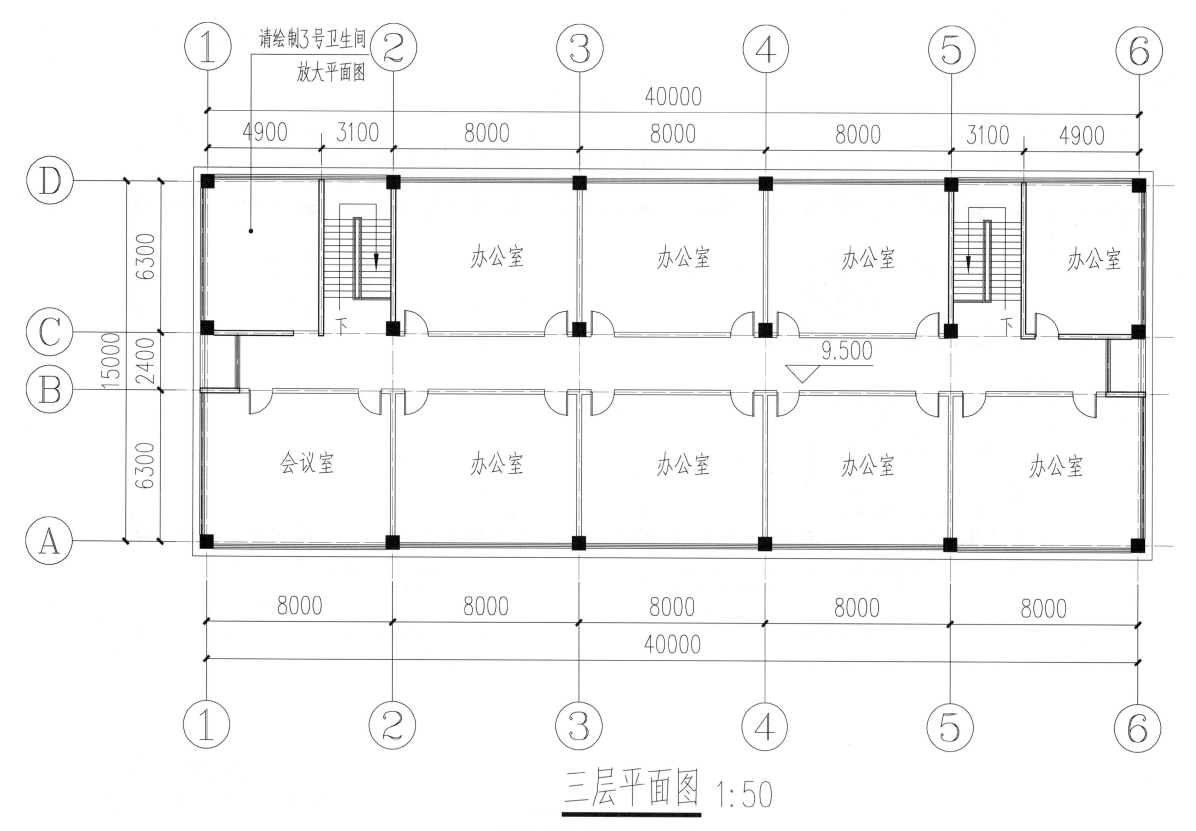

三层平面图 1:50

附图 10　某长途汽车客运站三层平面图

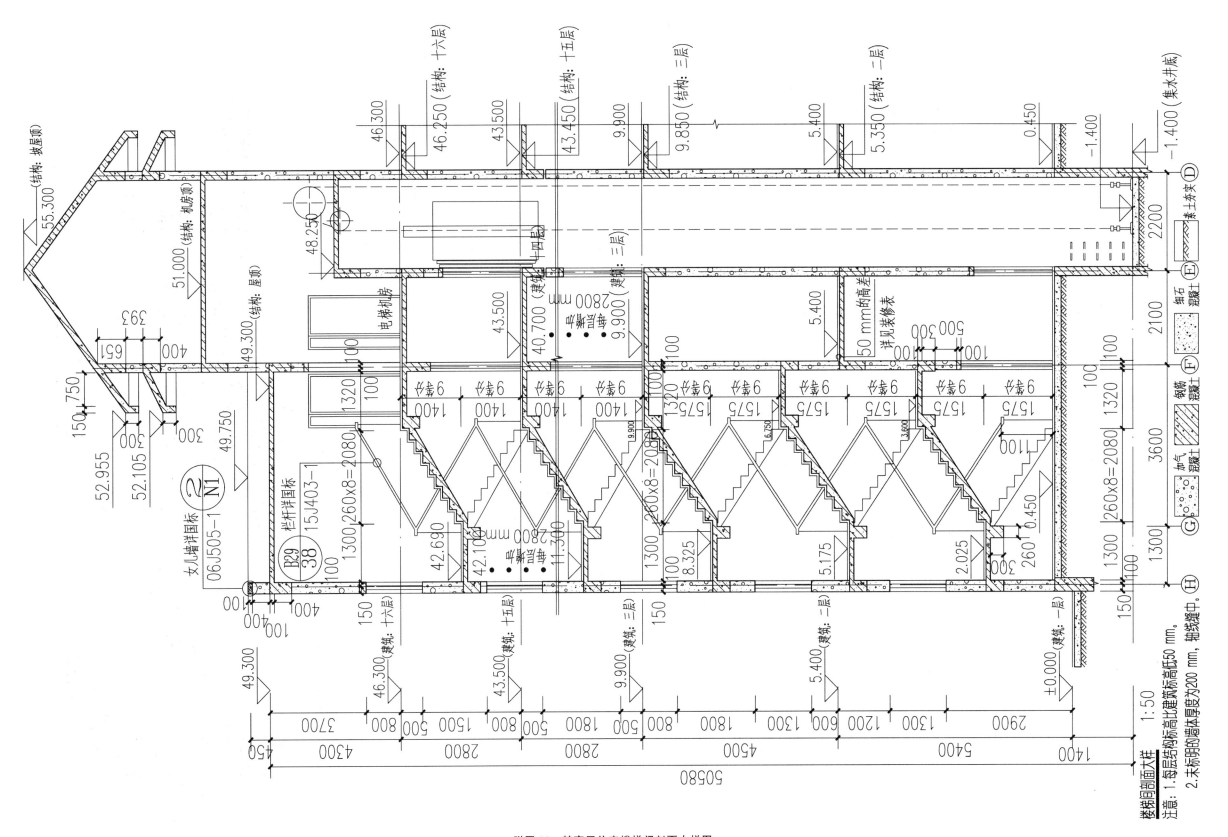

附图 11 某高层住宅楼梯间剖面大样图

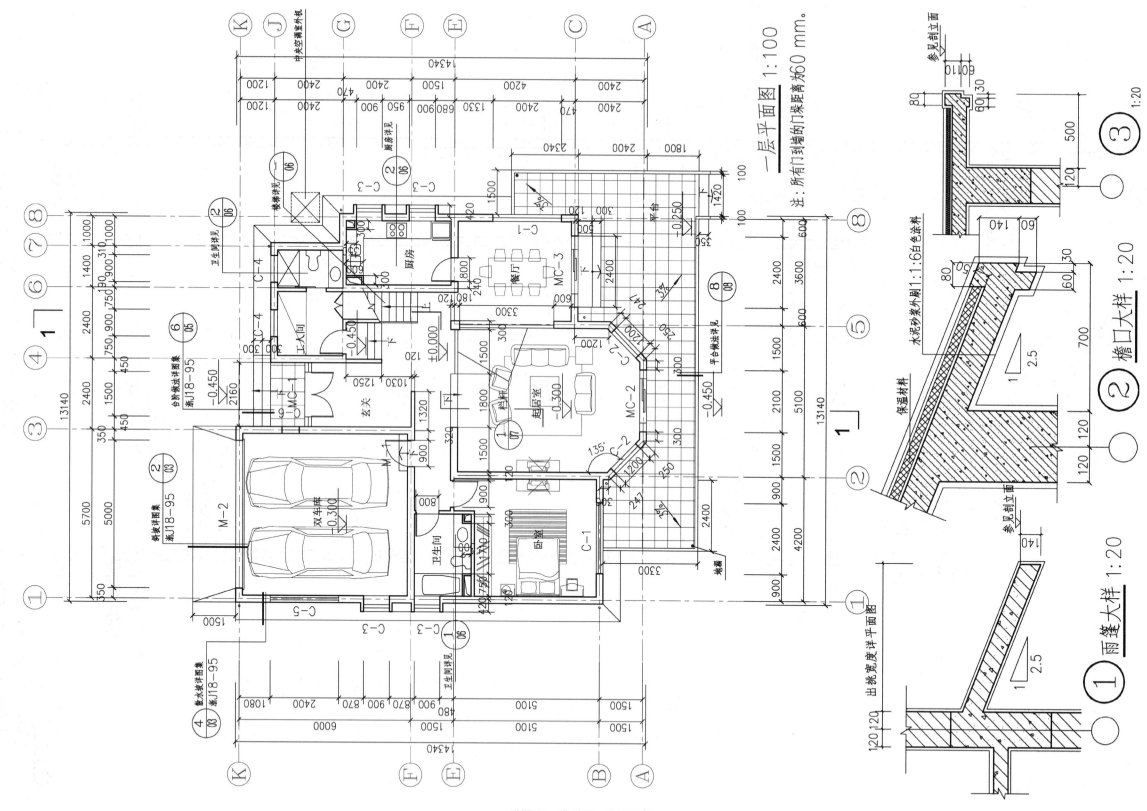

附图 12 某别墅一层平面图

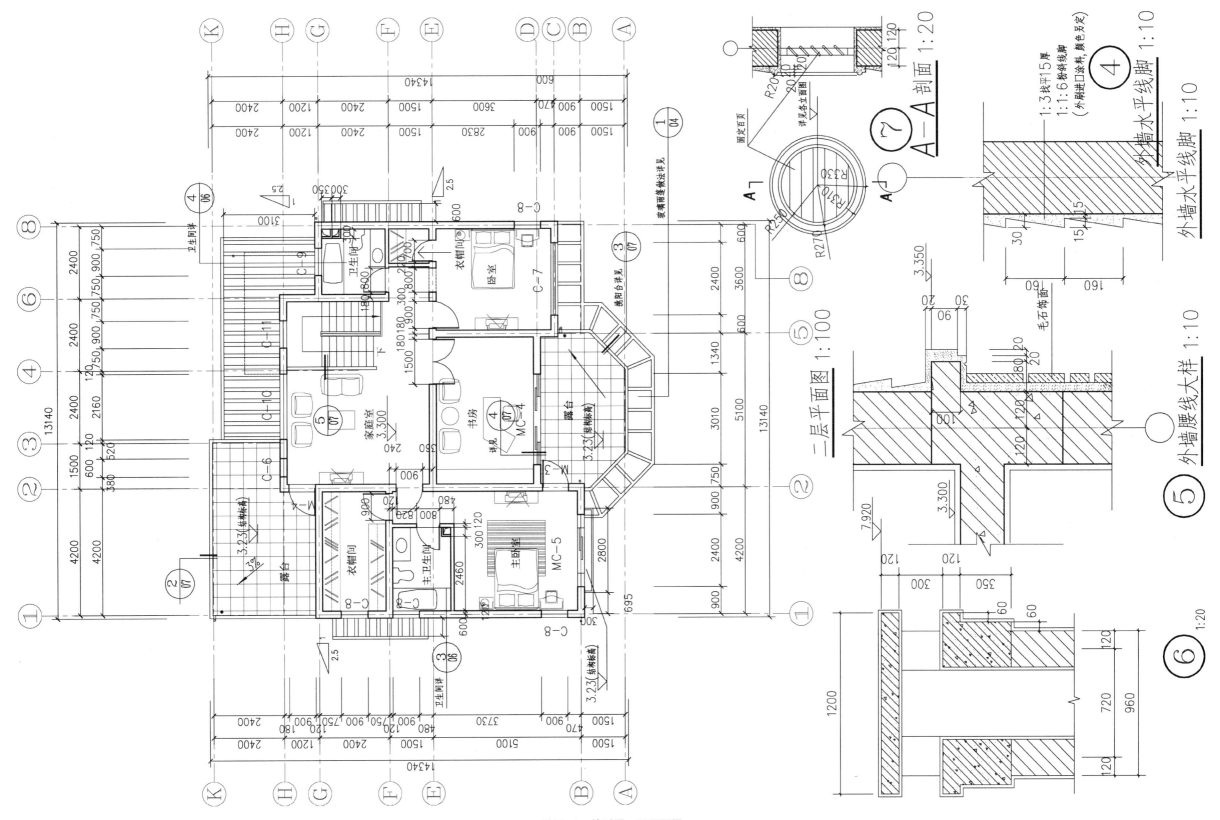

附图 13　某别墅二层平面图

门窗表

类型	编号	尺寸(宽×高)/mm	数量/樘 地下半层	数量/樘 一层	数量/樘 地上半层	数量/樘 二层	共计	备注
窗	C—1	2400×2250		2			2	铝合金固定窗
	C—2	1200×3200		2			2	现场定做
	C—3	900×1800		4			4	铝合金平开窗
	C—4	900×1200		2			2	铝合金平开窗
	C—5	2400×900		1			1	铝合金固定窗
	C—6	600×600		1		1	2	铝合金固定窗
	C—7	2400×2050				1	1	铝合金推拉窗
	C—8	900×1600				4	4	铝合金推拉窗
	C—9	900×1300				1	1	铝合金推拉窗
	C—10	现场测量				1	1	现场定做
	C—11	900×1900				1	1	铝合金推拉窗
	C—12	现场测量				1	1	现场定做
门	M—1	900×2100		1			1	乙级防火门
	M—2	900×2500	1				1	铝合金平开门
	M—3	1800×2500	1				1	铝合金平开门
	M—4	5000×2400		1			1	车库门由业主自理
	M—5	2230×2500	2				2	铝合金推拉门
门连窗	MC—1	2160×2700		1			1	防盗门(固定窗)
	MC—2	2100×3200		1			1	现场定做
	MC—3	2400×2700		1			1	铝合金门连窗
	MC—4	3000×2500				1	1	铝合金门连窗
	MC—5	2400×2500				1	1	铝合金门连窗

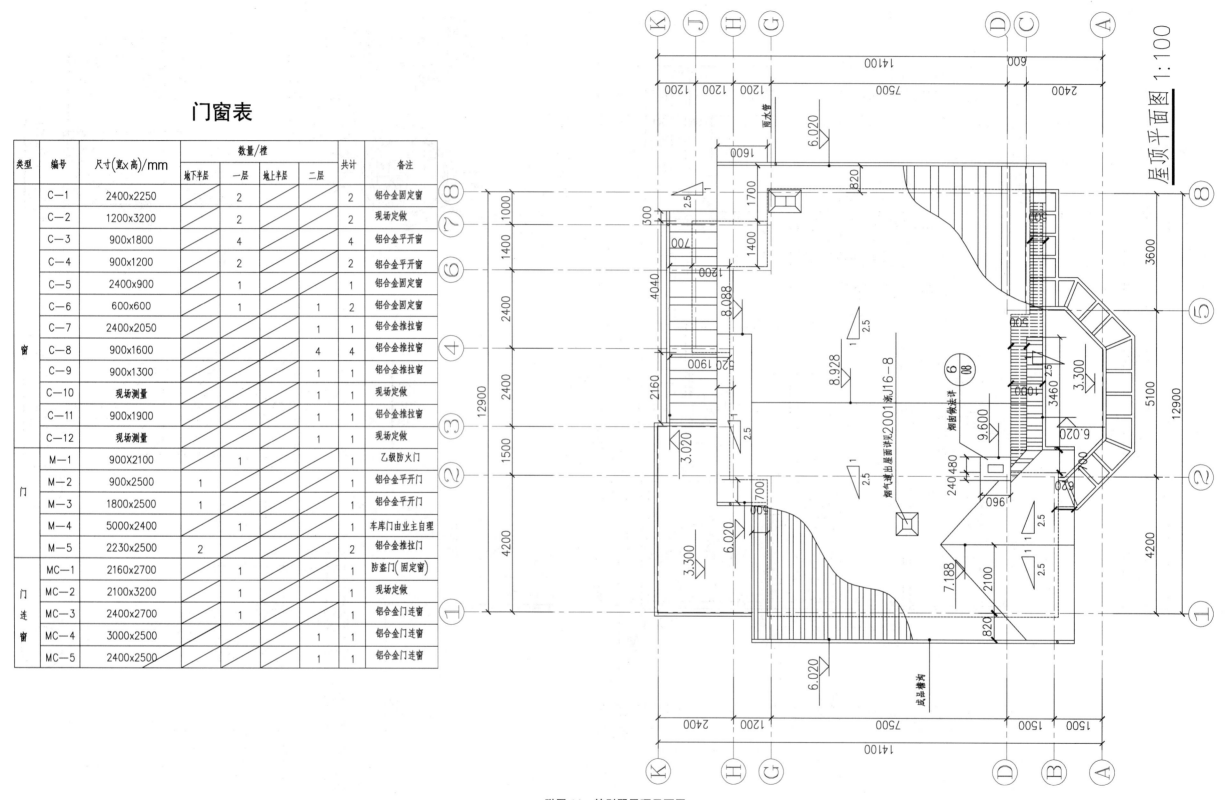

屋顶平面图 1:100

附图 14 某别墅屋顶平面图

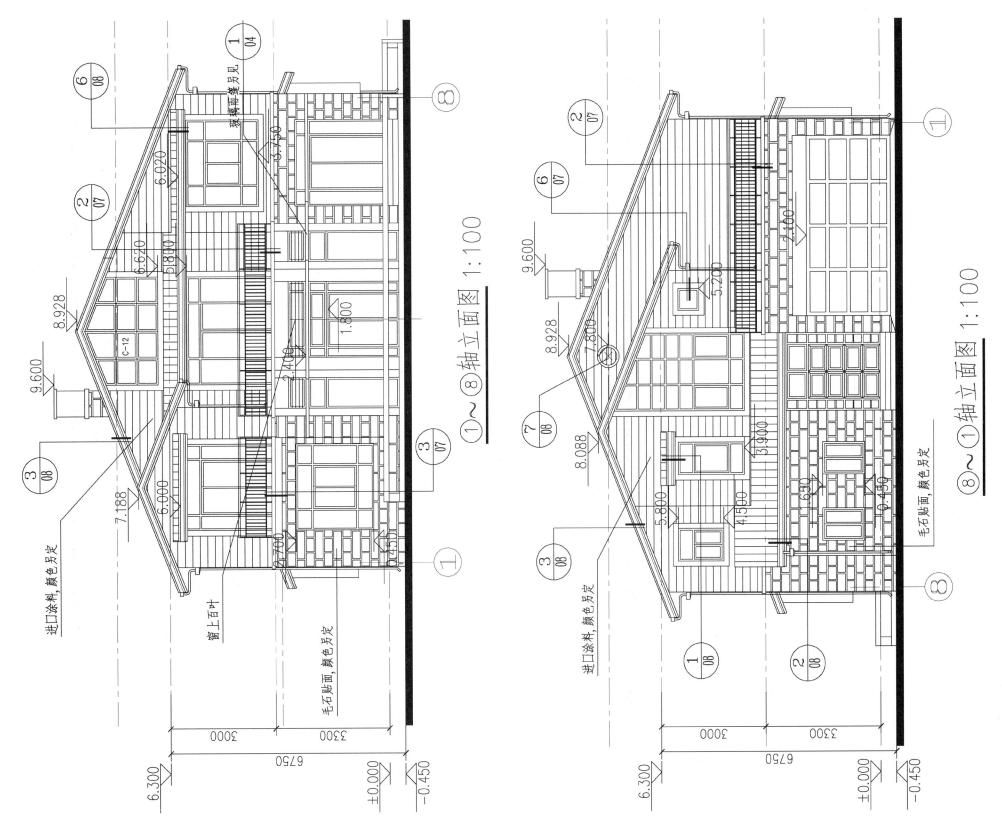

附图 15　某别墅正立面图

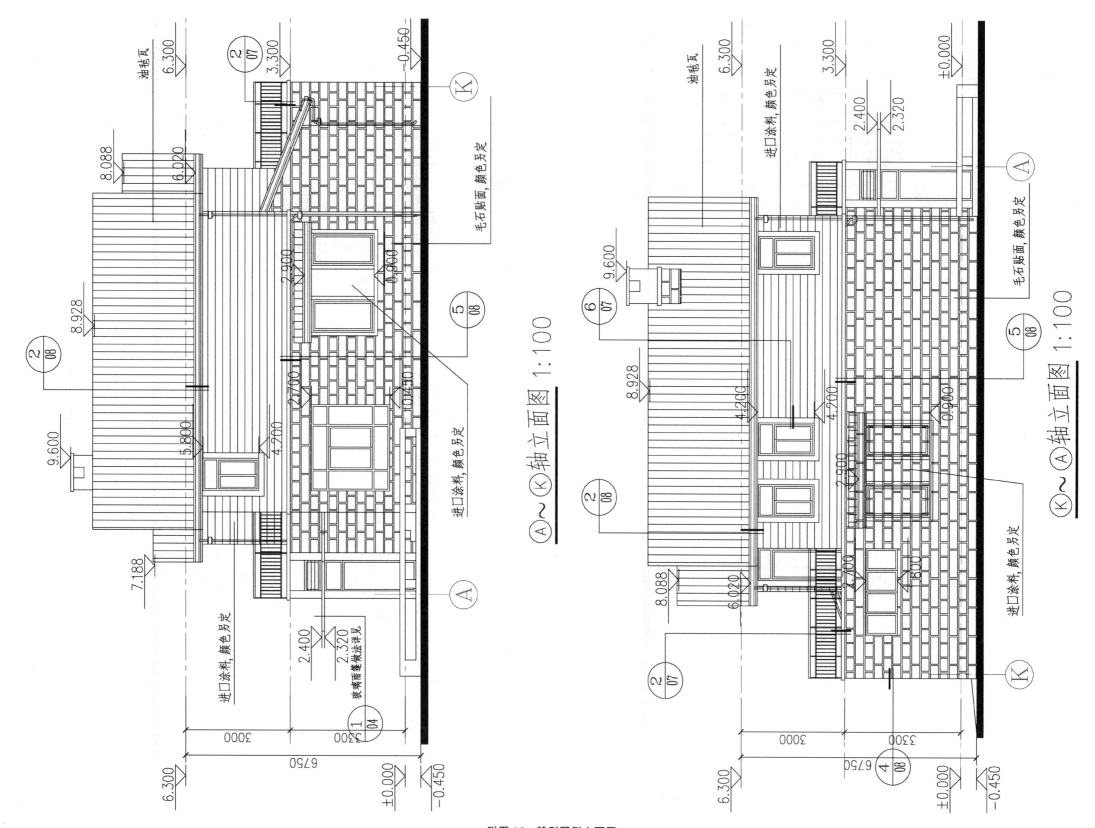

附图16 某别墅侧立面图

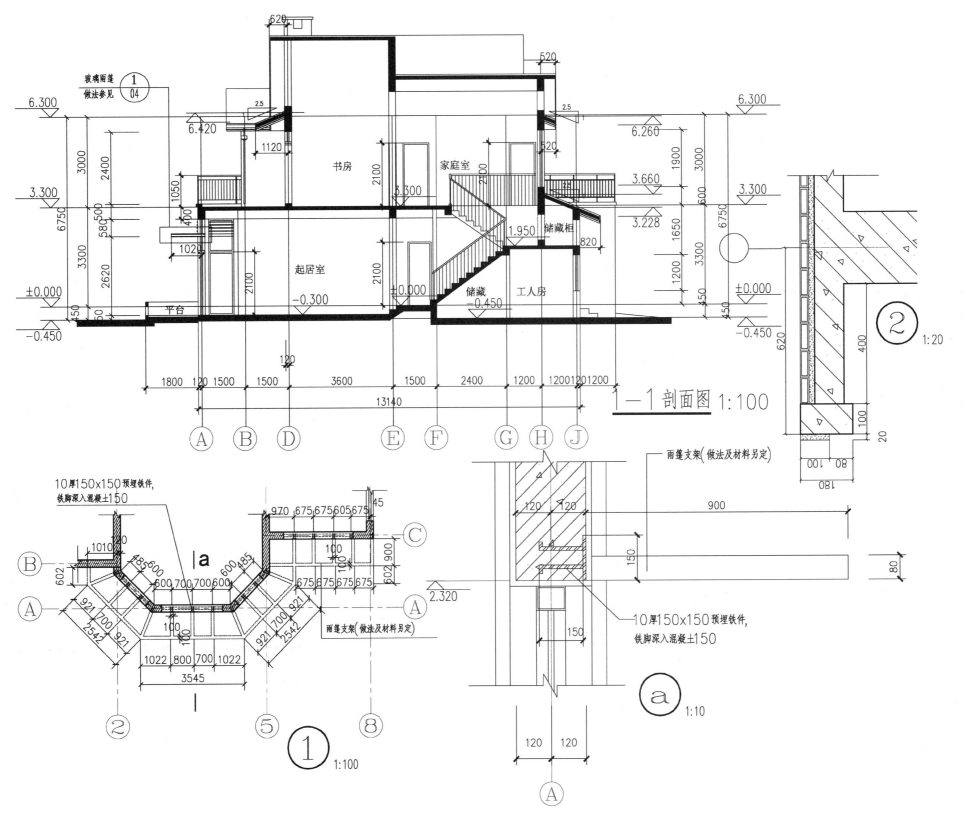

附图 17　某别墅剖面图

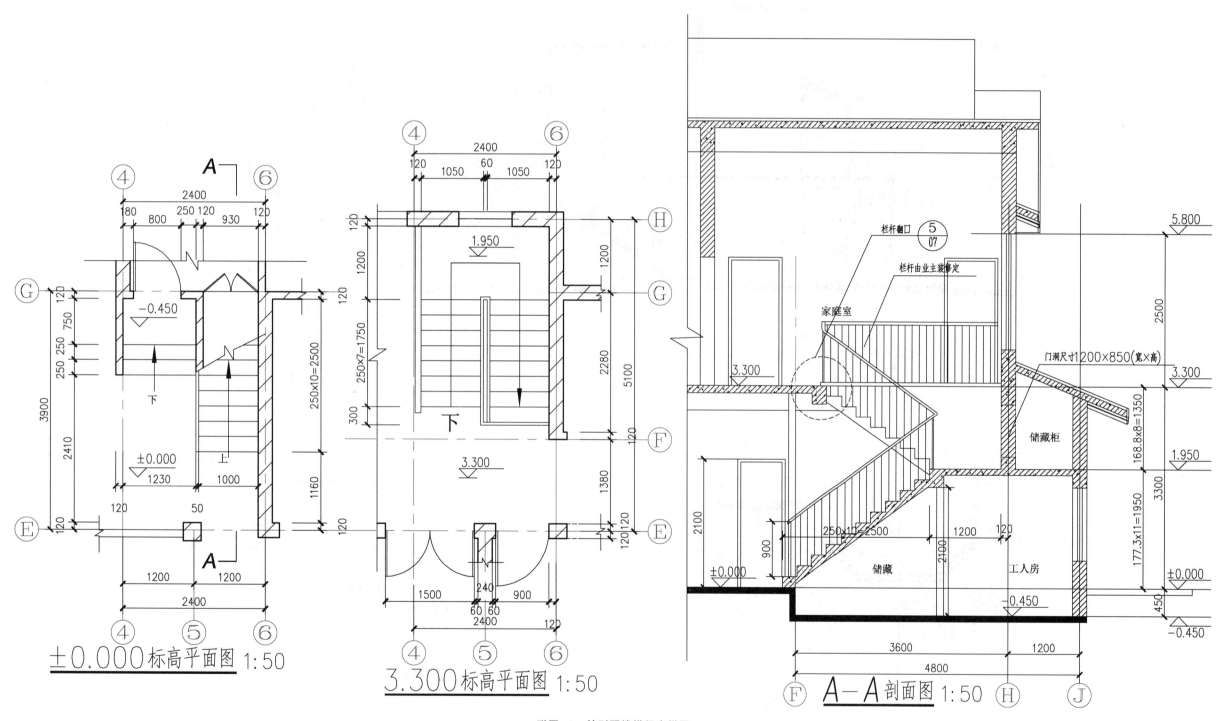

±0.000标高平面图 1:50

3.300标高平面图 1:50

A—A 剖面图 1:50

附图 18　某别墅楼梯间大样图

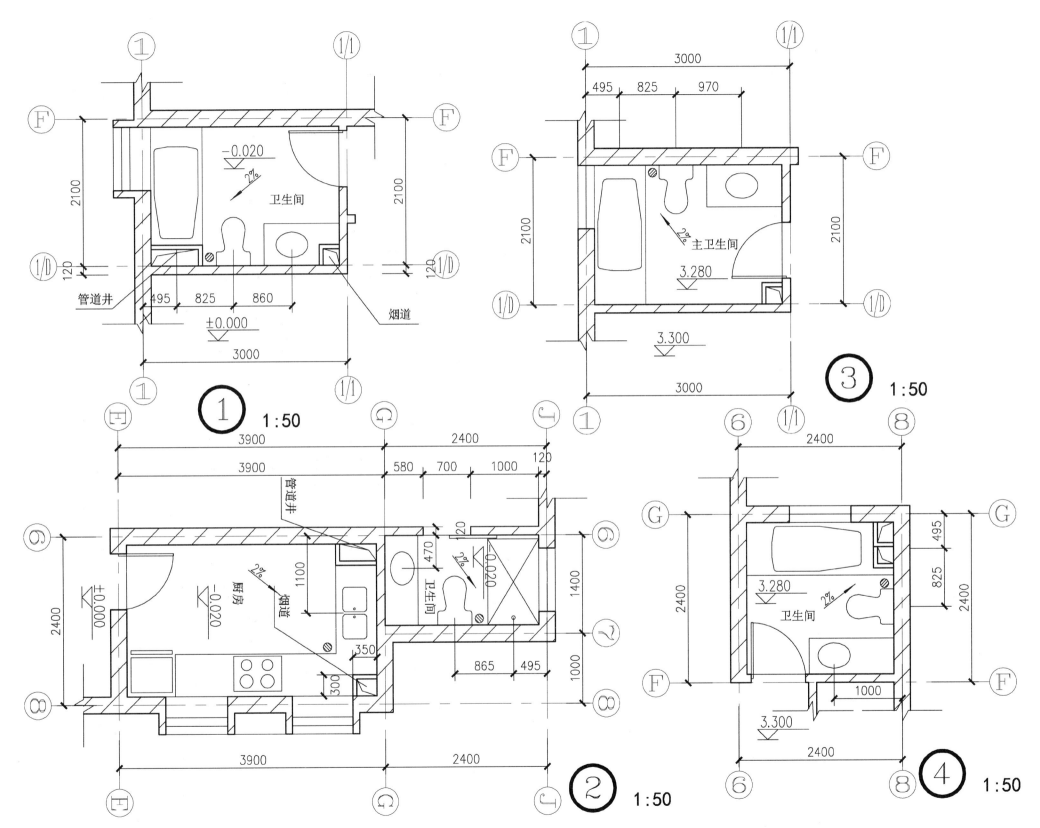

附图 **19** 某别墅卫生间大样图

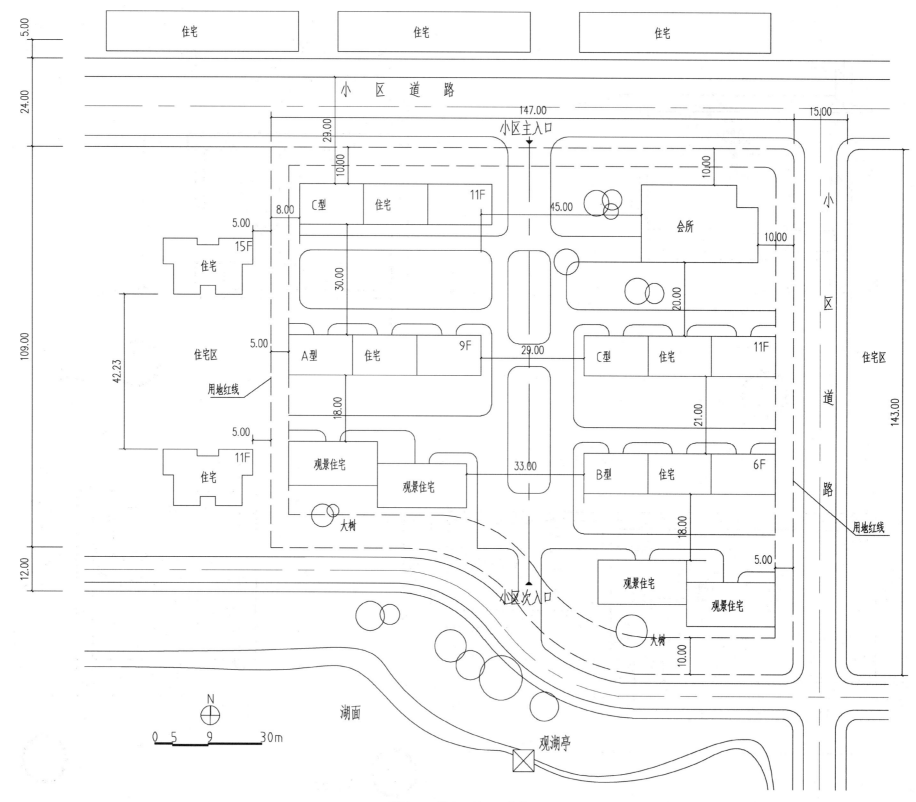

附图 20 　某小区总平面布置图

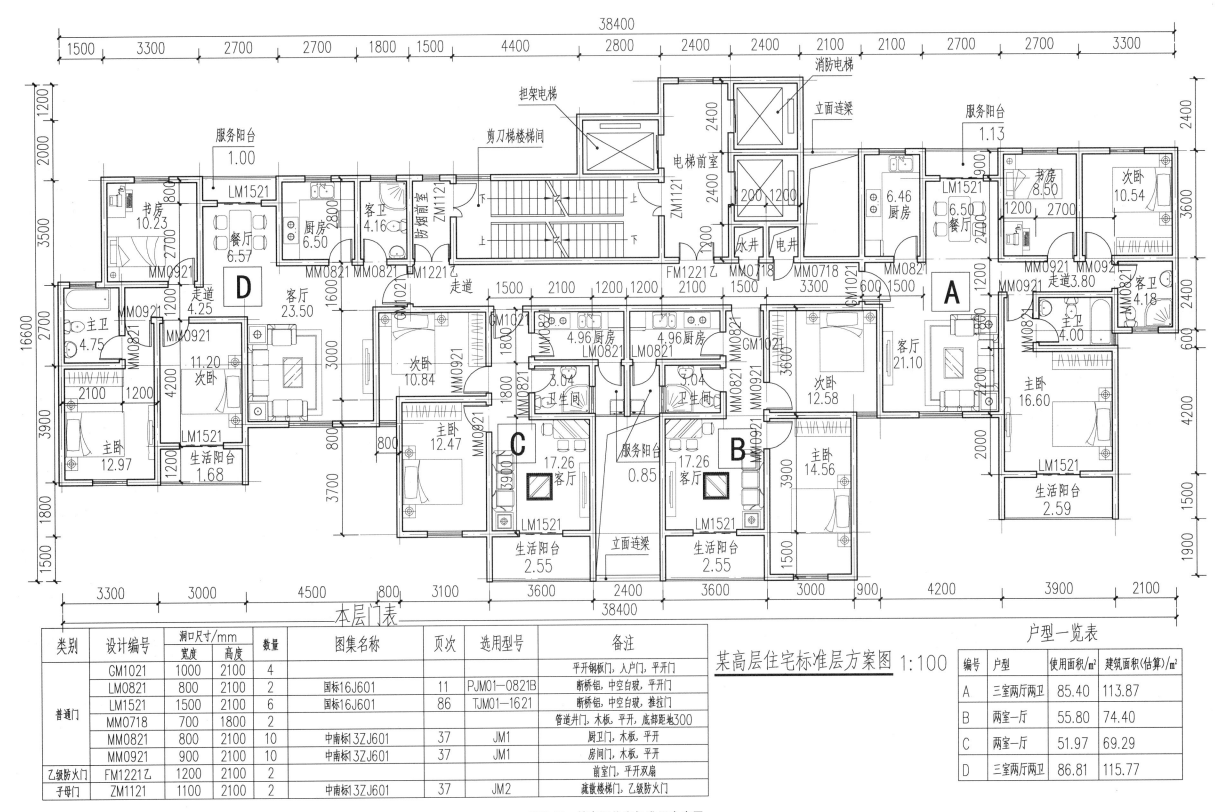

附图 21　某高层住宅标准层方案图

某高层住宅标准层方案图 1:100

本层门表

类别	设计编号	洞口尺寸/mm		数量	图集名称	页次	选用型号	备注
		宽度	高度					
普通门	GM1021	1000	2100	4				平开钢板门，入户门，平开门
	LM0821	800	2100	2	国标16J601	11	PJM01-0821B	断桥铝，中空白玻，平开门
	LM1521	1500	2100	6	国标16J601	86	TJM01-1621	断桥铝，中空白玻，推拉门
	MM0718	700	1800	2				管道井门，木板，平开，底部距地300
	MM0821	800	2100	10	中南标13ZJ601	37	JM1	厨卫门，木板，平开
	MM0921	900	2100	10	中南标13ZJ601	37	JM1	房间门，木板，平开
乙级防火门	FM1221乙	1200	2100	2				前室门，平开双扇
子母门	ZM1121	1100	2100	2	中南标13ZJ601	37	JM2	疏散楼梯门，乙级防火门

户型一览表

编号	户型	使用面积/m²	建筑面积(估算)/m²
A	三室两厅两卫	85.40	113.87
B	两室一厅	55.80	74.40
C	两室一厅	51.97	69.29
D	三室两厅两卫	86.81	115.77

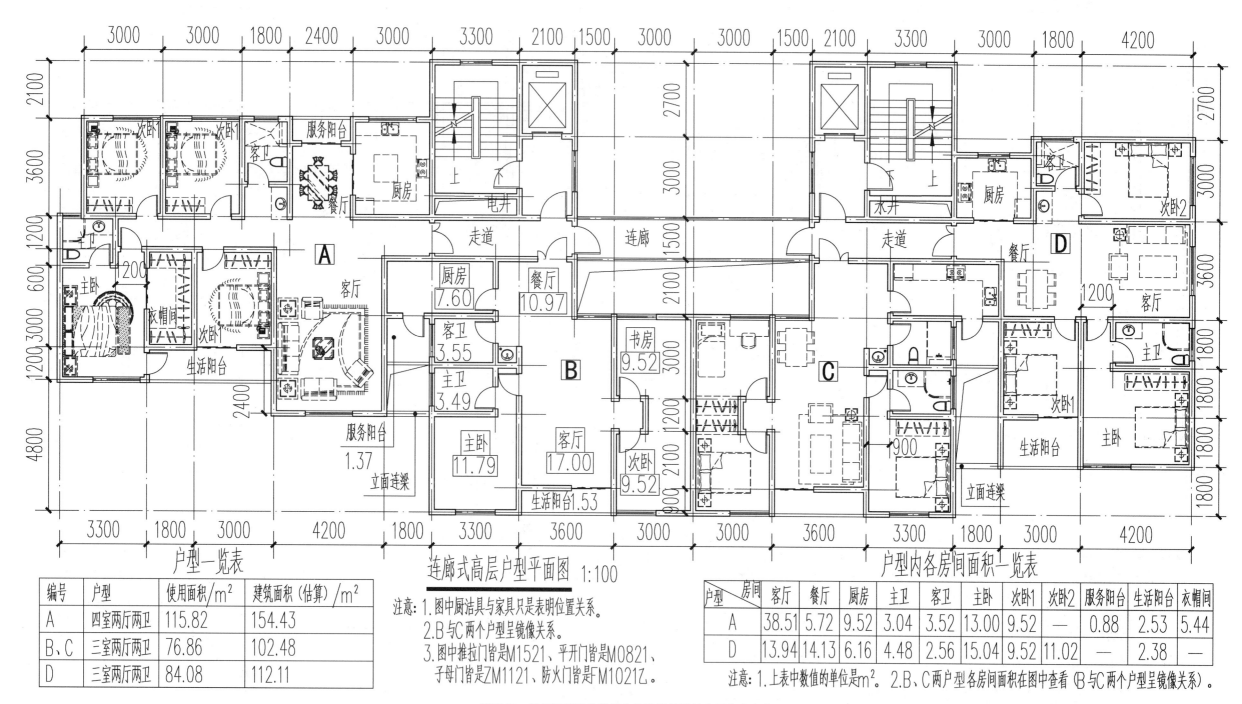

连廊式高层户型平面图 1:100

户型一览表

编号	户型	使用面积/m²	建筑面积(估算)/m²
A	四室两厅两卫	115.82	154.43
B、C	三室两厅两卫	76.86	102.48
D	三室两厅两卫	84.08	112.11

注意：1.图中厨洁具与家具只是表明位置关系。
2.B与C两个户型呈镜像关系。
3.图中推拉门皆是M1521、平开门皆是M0821、
子母门皆是ZM1121、防火门皆是FM1021乙。

户型内各房间面积一览表

户型\房间	客厅	餐厅	厨房	主卫	客卫	主卧	次卧1	次卧2	服务阳台	生活阳台	衣帽间
A	38.51	5.72	9.52	3.04	3.52	13.00	9.52	—	0.88	2.53	5.44
D	13.94	14.13	6.16	4.48	2.56	15.04	9.52	11.02	—	2.38	—

注意：1.上表中数值的单位是m²。2.B、C两户型各房间面积在图中查看(B与C两个户型呈镜像关系)。

附图22 某以两部双跑楼梯作为疏散楼梯的高层住宅方案

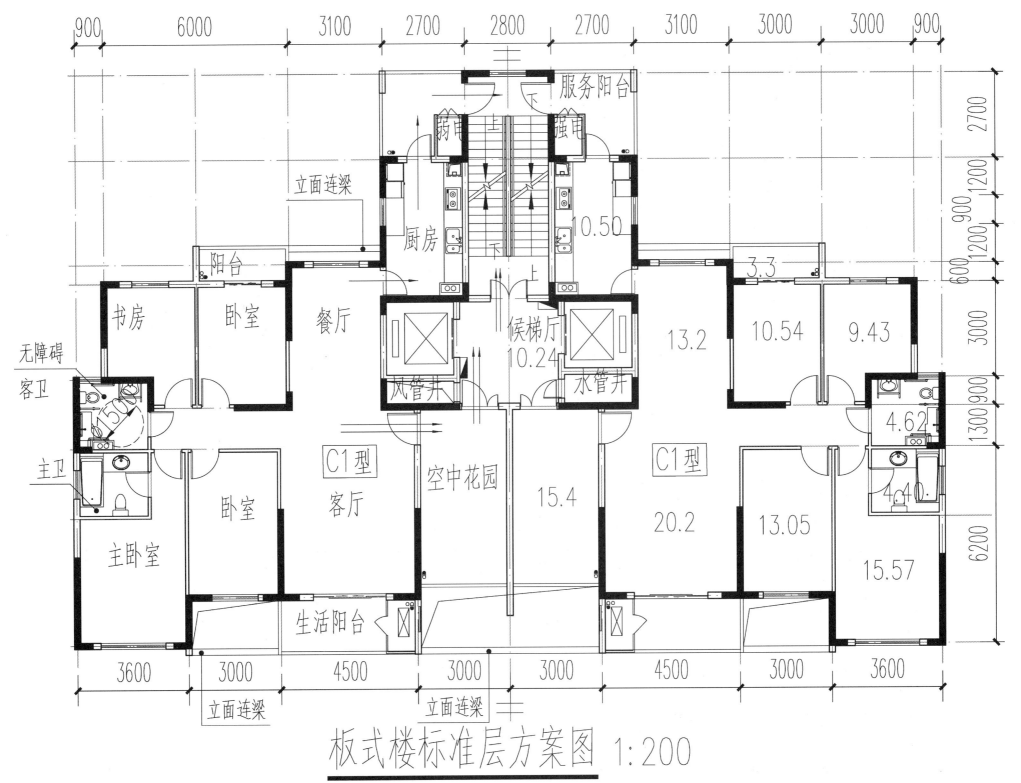

900 6000 3100 2700 2800 2700 3100 3000 3000 900

2700 1200 900 1200 600 3000 900 1300 6200

服务阳台

立面连梁

药电 上 强电

厨房 10.50

阳台 3.3

书房 卧室 餐厅 候梯厅 10.24 13.2 10.54 9.43

无障碍
客卫

双管井 水管井

主卫 4.62

C1型 C1型

卧室 客厅 空中花园 15.4 20.2 13.05 4.40

主卧室 15.57

生活阳台

立面连梁

3600 3000 4500 3000 3000 4500 3000 3600

立面连梁 立面连梁

板式楼标准层方案图 1:200

注：套内通往疏散楼梯间（剪刀梯）有两条通道（单箭头与双箭头）。

附图 23　板式楼标准层方案图

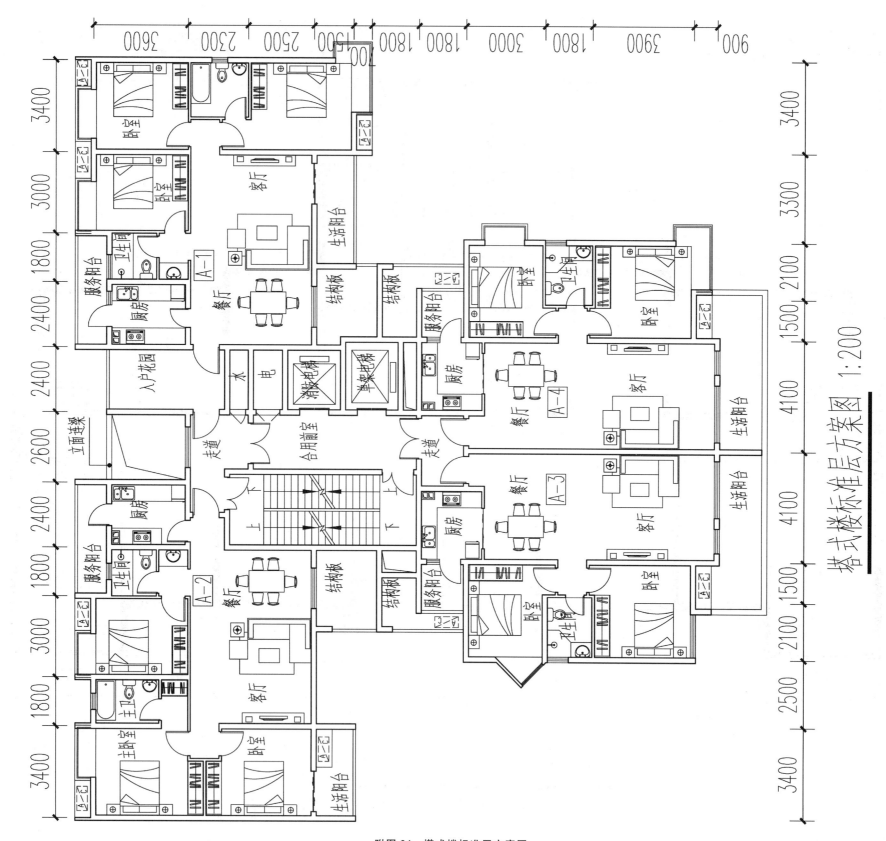

附图 24 塔式楼标准层方案图

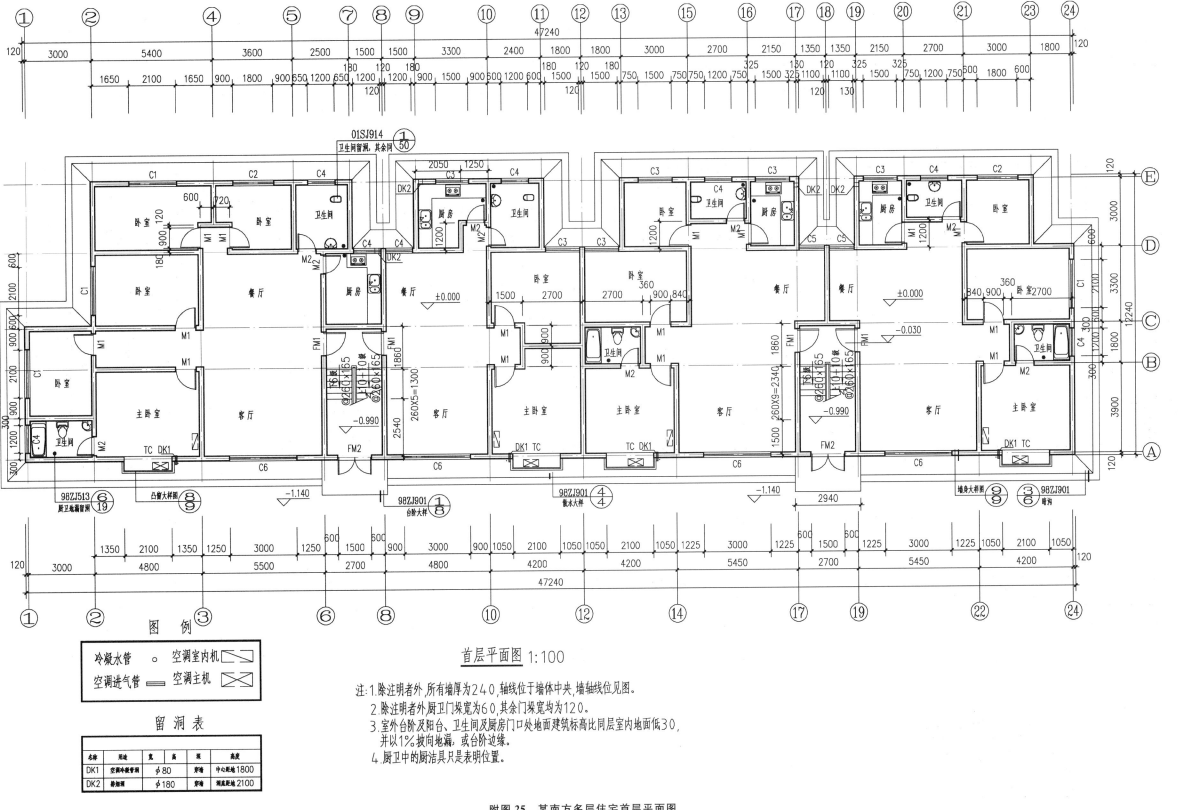

图 例

| 冷凝水管 | ∘ 空调室内机 |
| 空调进气管 | ▨ 空调主机 |

留洞表

名称	用途	宽	高	墙	高度
DK1	空调冷凝管洞	φ80		砖墙	中心距地1800
DK2	熱加洞	φ180		砖墙	洞底距地2100

首层平面图 1:100

注:1.除注明者外,所有墙厚为240,轴线位于墙体中央,墙轴线位见图。
　　2.除注明者外厨卫门垛宽为60,其余门垛宽均为120。
　　3.室外台阶及阳台、卫生间及厨房门口处地面建筑标高比同层室内地面低30,
　　　并以1%坡向地漏,或台阶边缘。
　　4.厨卫中的厨洁具只是表明位置。

附图25　某南方多层住宅首层平面图

注:本图为已建成项目图纸,故存在图集年限较久的情况,在绘图时应注意引用最新图集文件。

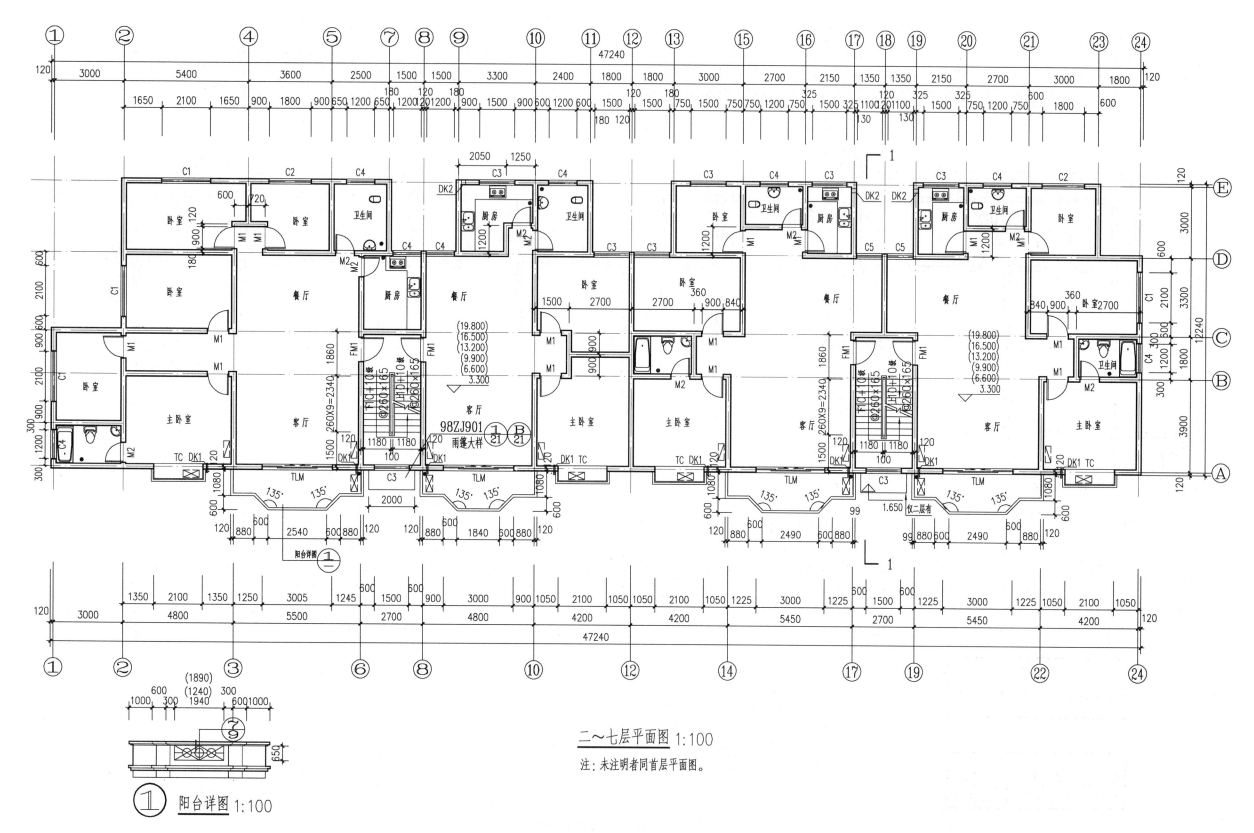

二~七层平面图 1:100

注：未注明者同首层平面图。

① 阳台详图 1:100

附图26 某南方多层住宅二~七层平面图

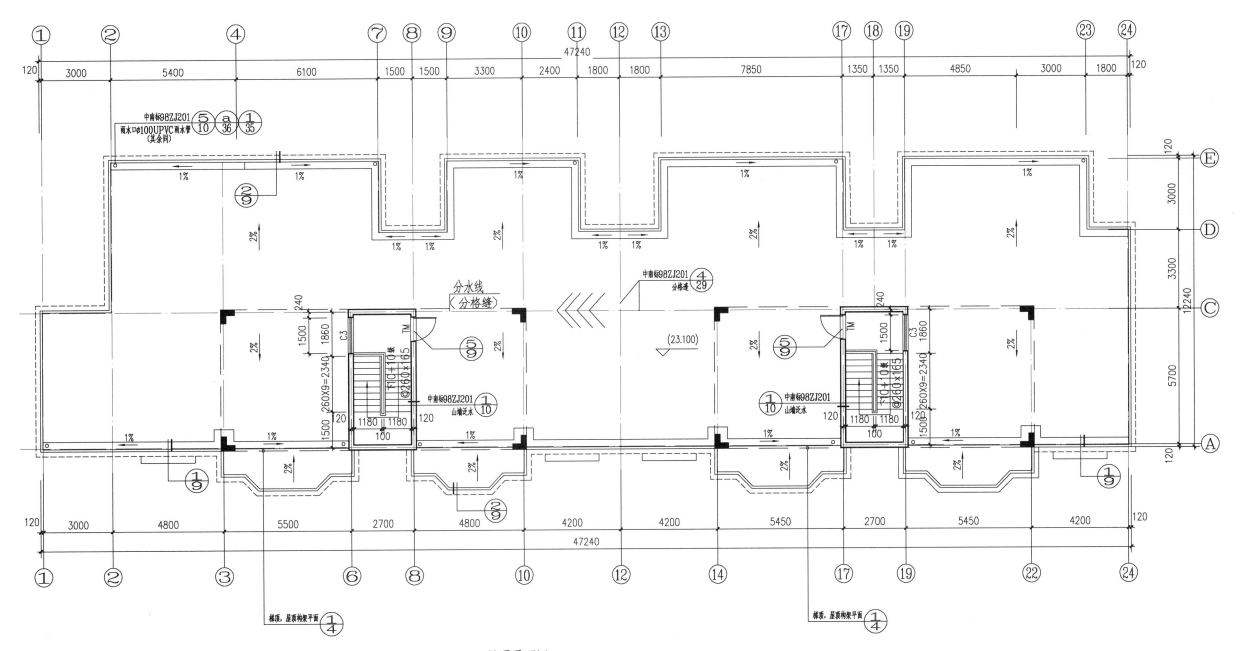

屋顶平面图 1:100

注:1.未注明者同首层平面。
2.屋面找坡为加气混凝土找坡 $i=2\%$。
天沟内用1:2水泥砂浆找坡,$i=1\%$,坡向雨水口。
3.出水口详见98ZJ201 ⑤ⓐ,
雨水口及雨水管详见98ZJ201 ①。

附图 27　某南方多层住宅屋顶平面图

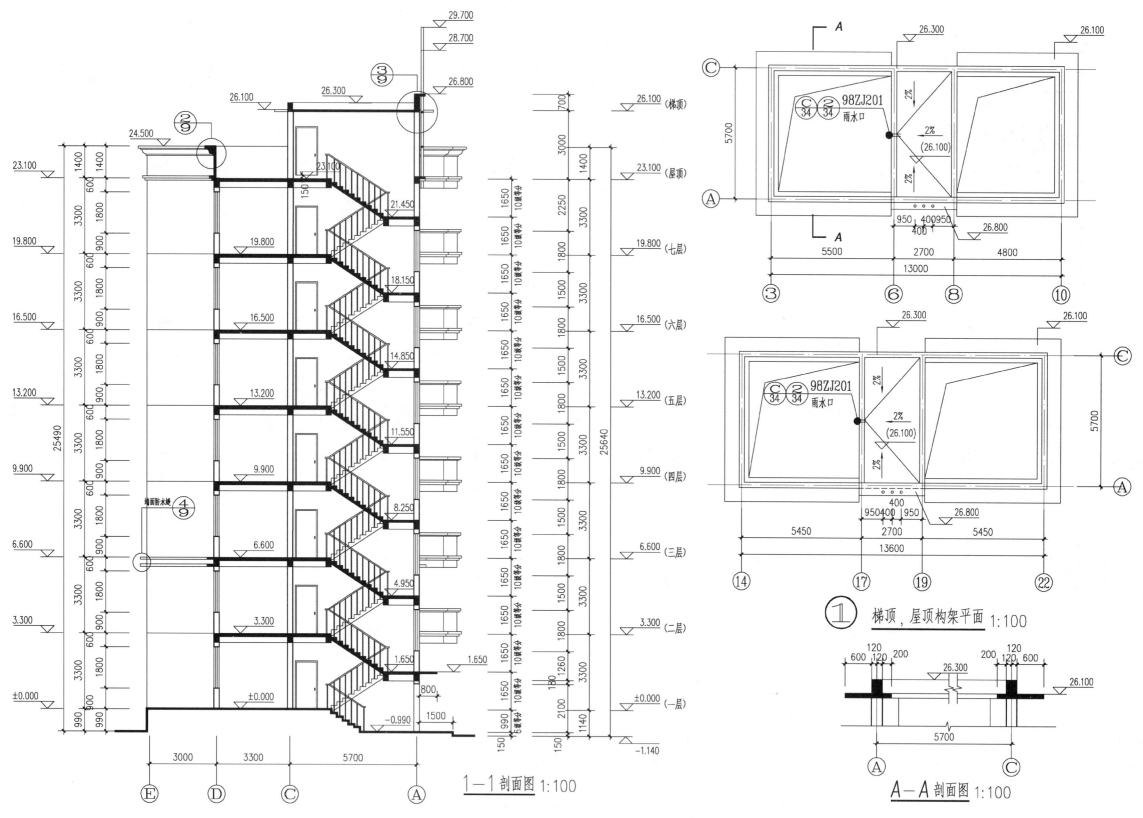

1-1剖面图 1:100

墙面防水缝 ④ 9

梯顶,屋顶构架平面 1:100

98ZJ201 雨水口

A-A剖面图 1:100

附图 28 某南方多层住宅剖面图

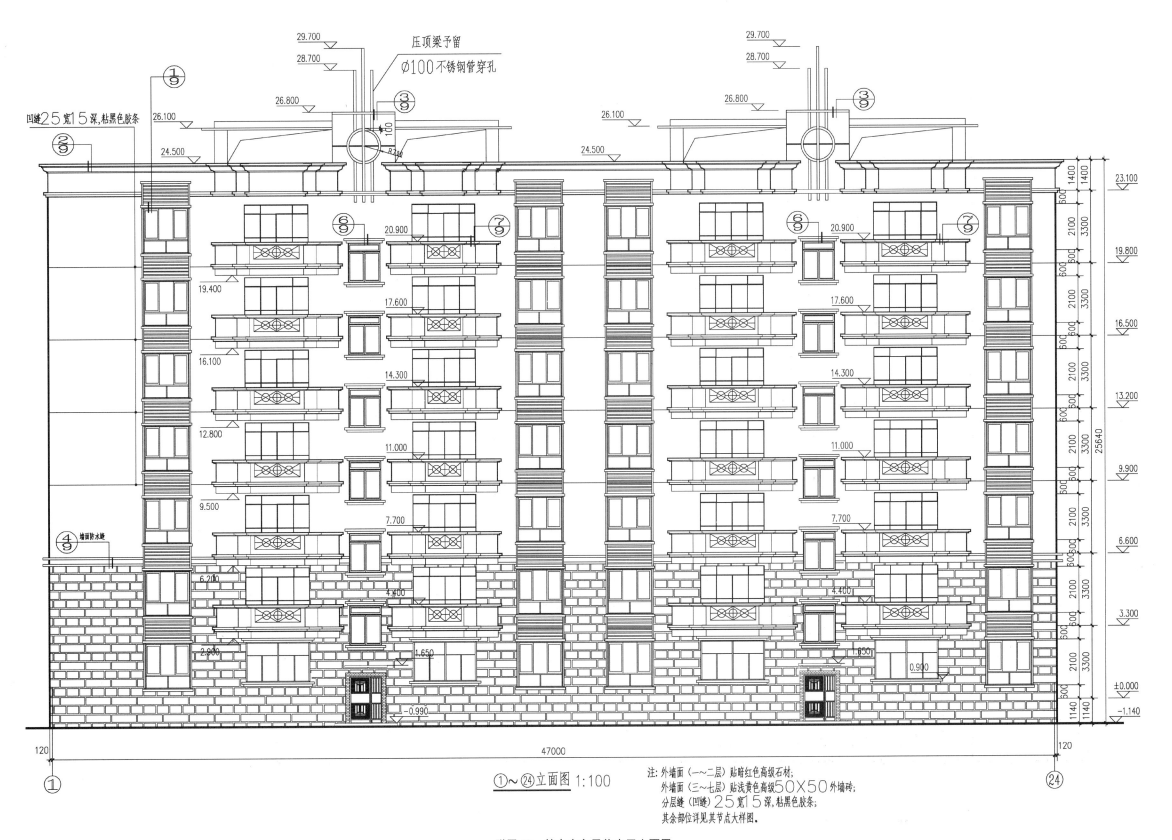

附图29 某南方多层住宅正立面图

凹缝25宽15深,粘黑色胶条

外墙面(一~二层)贴暗红色高级石材;
外墙面(三~七层)贴浅黄色高级50X50外墙砖;
分层缝(凹缝)25宽15深,粘黑色胶条;
其余部位详见其节点大样图。

Ⓐ~Ⓔ立面图 1:100

Ⓔ~Ⓐ立面图 1:100

附图30 某南方多层住宅侧立面图

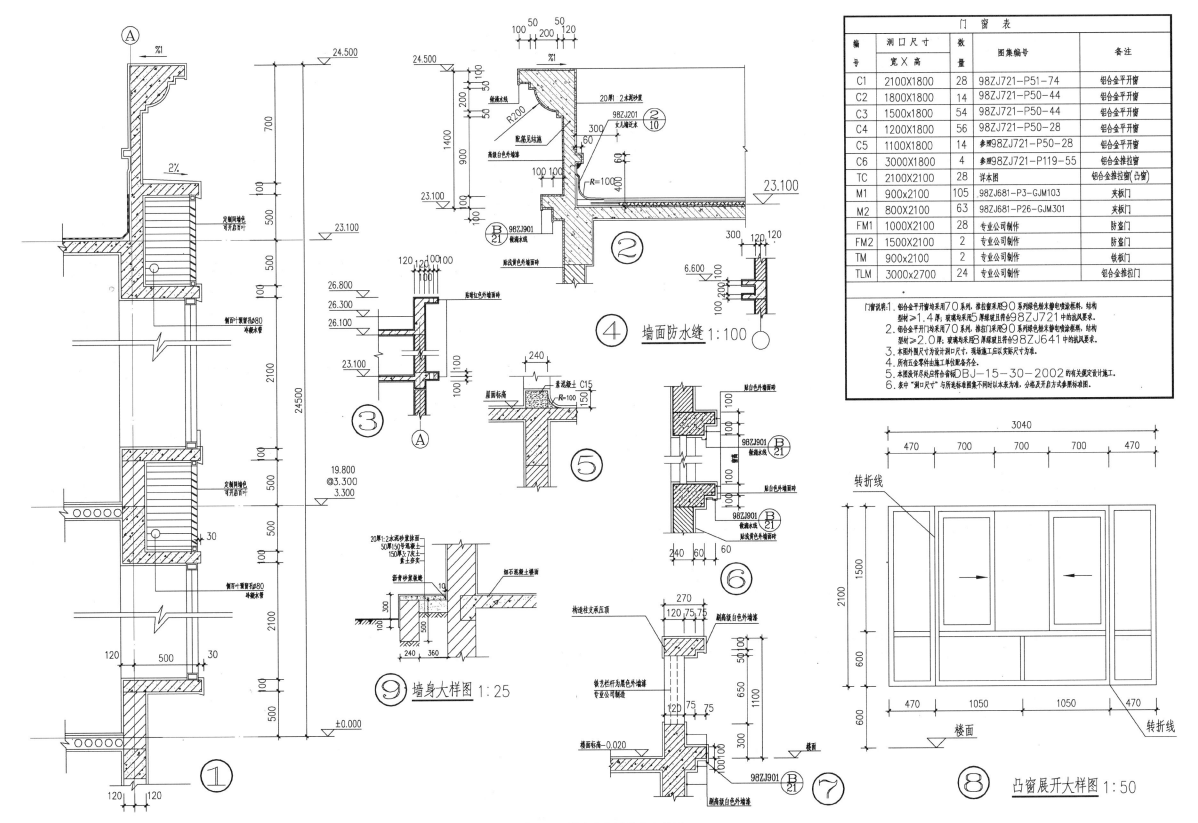

门 窗 表

编号	洞口尺寸 宽 X 高	数量	图集编号	备注
C1	2100X1800	28	98ZJ721-P51-74	铝合金平开窗
C2	1800X1800	14	98ZJ721-P50-44	铝合金平开窗
C3	1500x1800	54	98ZJ721-P50-44	铝合金平开窗
C4	1200X1800	56	98ZJ721-P50-28	铝合金平开窗
C5	1100X1800	14	参照98ZJ721-P50-28	铝合金平开窗
C6	3000X1800	4	参照98ZJ721-P119-55	铝合金推拉窗
TC	2100X2100	28	详本图	铝合金推拉窗(凸窗)
M1	900x2100	105	98ZJ681-P3-GJM103	夹板门
M2	800X2100	63	98ZJ681-P26-GJM301	夹板门
FM1	1000X2100	28	专业公司制作	防盗门
FM2	1500X2100	2	专业公司制作	防盗门
TM	900X2100	2	专业公司制作	铁板门
TLM	3000X2700	24	专业公司制作	铝合金推拉门

门窗说明: 1. 铝合金平开窗均采用70系列, 推拉窗采用90系列绿色粉末静电喷涂框料, 结构型材≥1.4厚, 玻璃均采用5厚玻璃且应符合98ZJ721中的抗风要求。
2. 铝合金平开门均采用70系列, 推拉门采用90系列绿色粉末静电喷涂框料, 结构型材≥2.0厚, 玻璃均采用8厚玻璃且应符合98ZJ641中的抗风要求。
3. 本图外墙尺寸为设计洞口尺寸, 现场施工点以实际尺寸为准。
4. 所有五金零件由施工单位配备齐全。
5. 本图凡涉详处以符合省标DBJ-15-30-2002的有关规定设计施工。
6. 表中"洞口尺寸"与所选标准图集不同时以本表为准。分格及开启方式参照标准图集。

④ 墙面防水缝 1:100

⑨ 墙身大样图 1:25

⑧ 凸窗展开大样图 1:50

附图 31 某南方多层住宅大样图

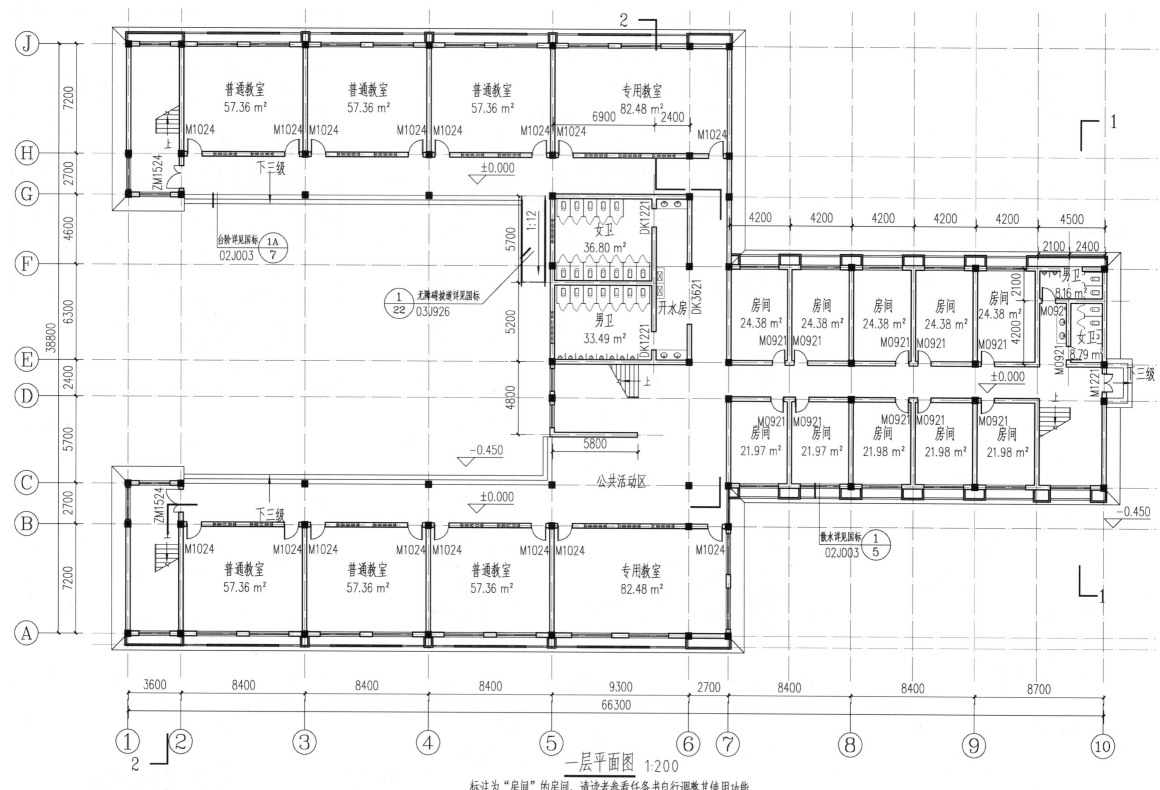

一层平面图 1:200

标注为"房间"的房间，请读者参看任务书自行调整其使用功能。

附图32 南小18班一层平面图

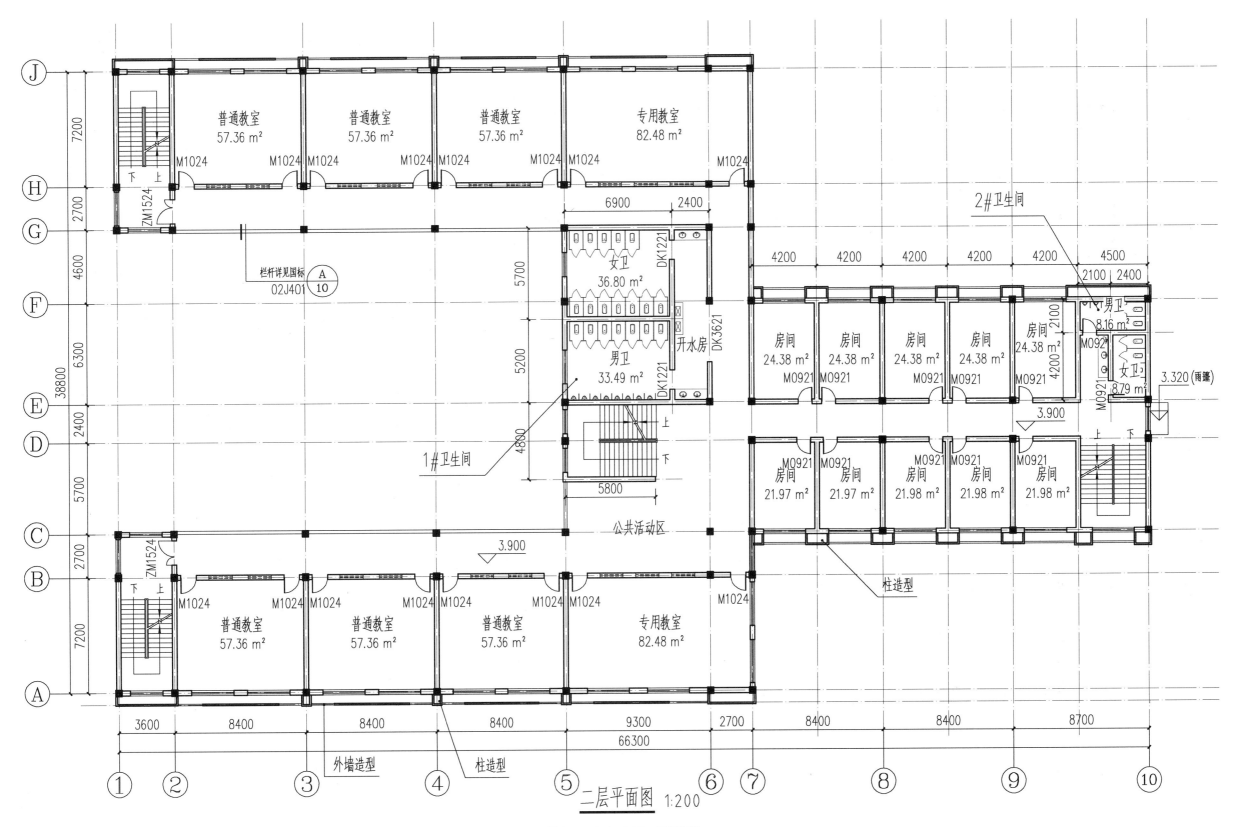

附图 33　南小 18 班二层平面图

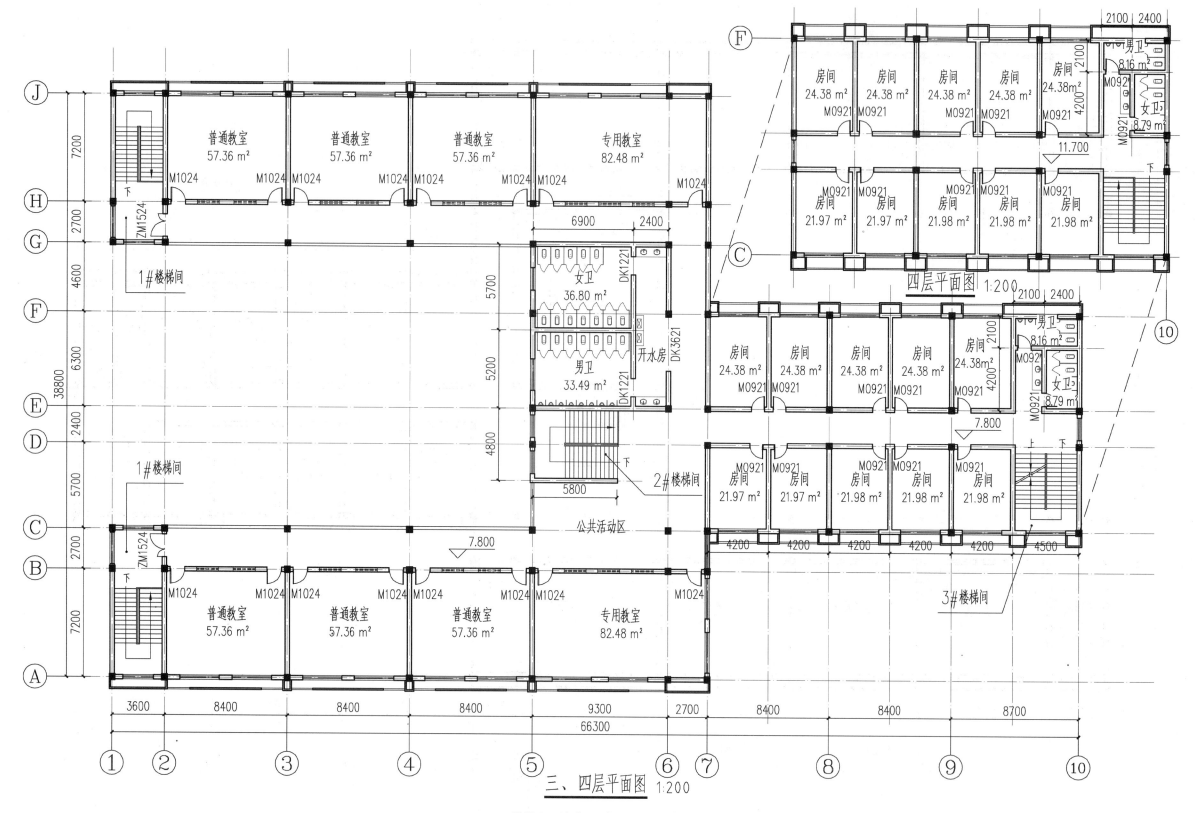

Ⓙ
7200

普通教室
57.36 m²
M1024 M1024 M1024 M1024 M1024 M1024 M1024

专用教室
82.48 m²
M1024

Ⓗ
2700
1#楼梯间
ZM1524

Ⓖ
4600

6900 2400

Ⓕ
6300

女卫
36.80 m²
DK1221
DK3621
开水房
男卫
33.49 m²
DK1221
5700
5200

Ⓔ
2400
38800

Ⓓ
5700
1#楼梯间
2#楼梯间
ZM1524
5800

Ⓒ
公共活动区
2700

Ⓑ
7.800
7200
普通教室
57.36 m²
M1024 M1024 M1024 M1024 M1024 M1024 M1024

专用教室
82.48 m²
M1024

Ⓐ

3600 8400 8400 8400 9300 2700 8400 8400 8700
66300

① ② ③ ④ ⑤ ⑥ ⑦ ⑧ ⑨ ⑩

三、四层平面图 1:200

Ⓕ
2100 2400
房间 24.38 m² 房间 24.38 m² 房间 24.38 m² 房间 24.38 m² 房间 24.38 m²
M0921 M0921 M0921 M0921 M0921 男卫 8.16 m² M0921
2100
女卫 8.79 m²
11.700
4200

Ⓒ
房间 21.97 m² 房间 21.97 m² 房间 21.98 m² 房间 21.98 m² 房间 21.98 m²
M0921 M0921 M0921 M0921 M0921

四层平面图 1:200
2100 2400

房间 24.38 m² 房间 24.38 m² 房间 24.38 m² 房间 24.38 m² 房间 24.38 m²
M0921 M0921 M0921 M0921 M0921 男卫 8.16 m² M0921
2100
女卫 8.79 m²
7.800
4200

M0921 M0921 M0921 M0921 M0921
房间 21.97 m² 房间 21.97 m² 房间 21.98 m² 房间 21.98 m² 房间 21.98 m²

3#楼梯间
4200 4200 4200 4200 4200 4500

⑩

附图 34 南小 18 班三、四层平面图

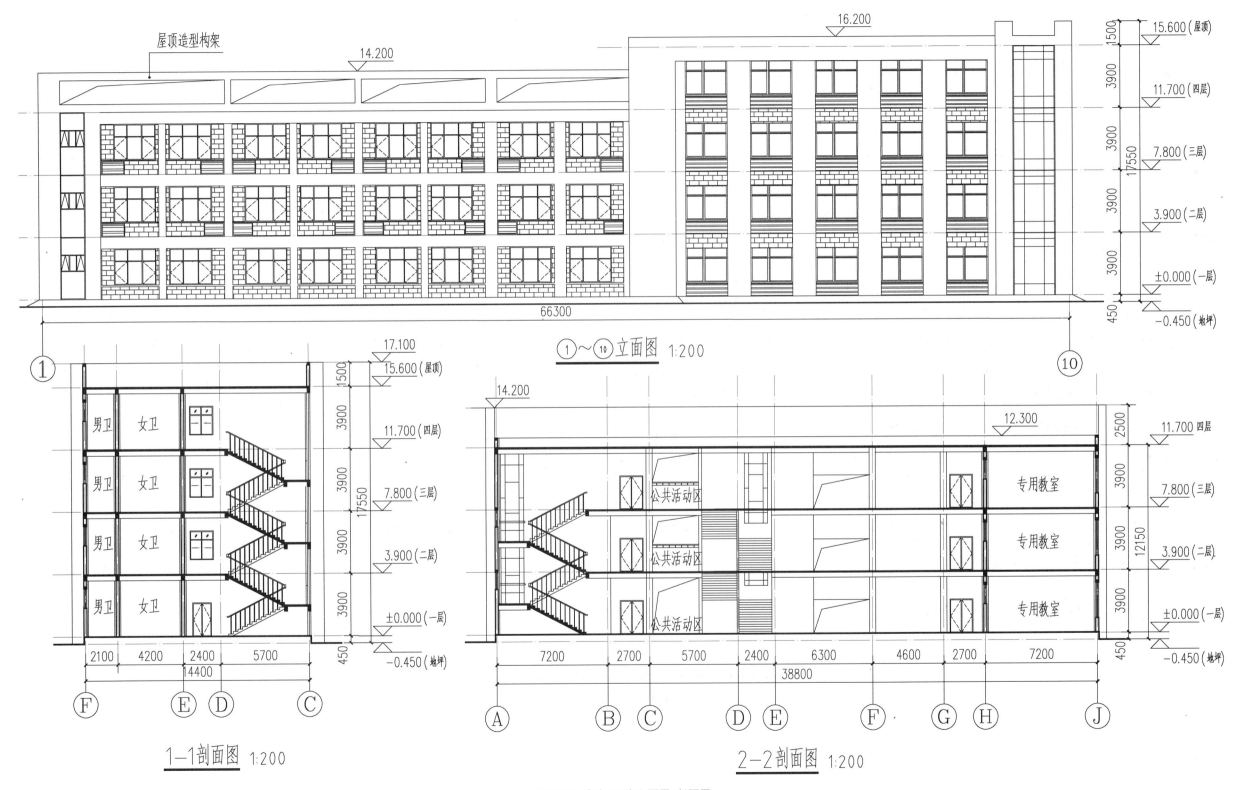

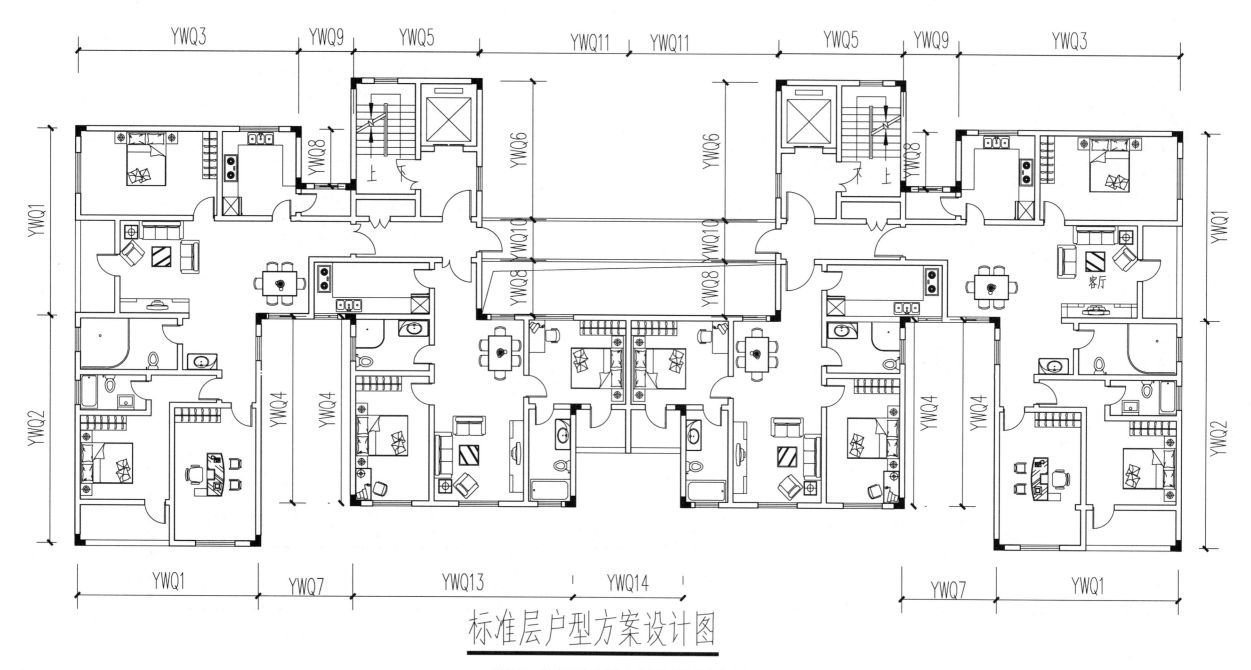

标准层户型方案设计图

附图 36　某高层装配式住宅楼标准层户型方案设计图

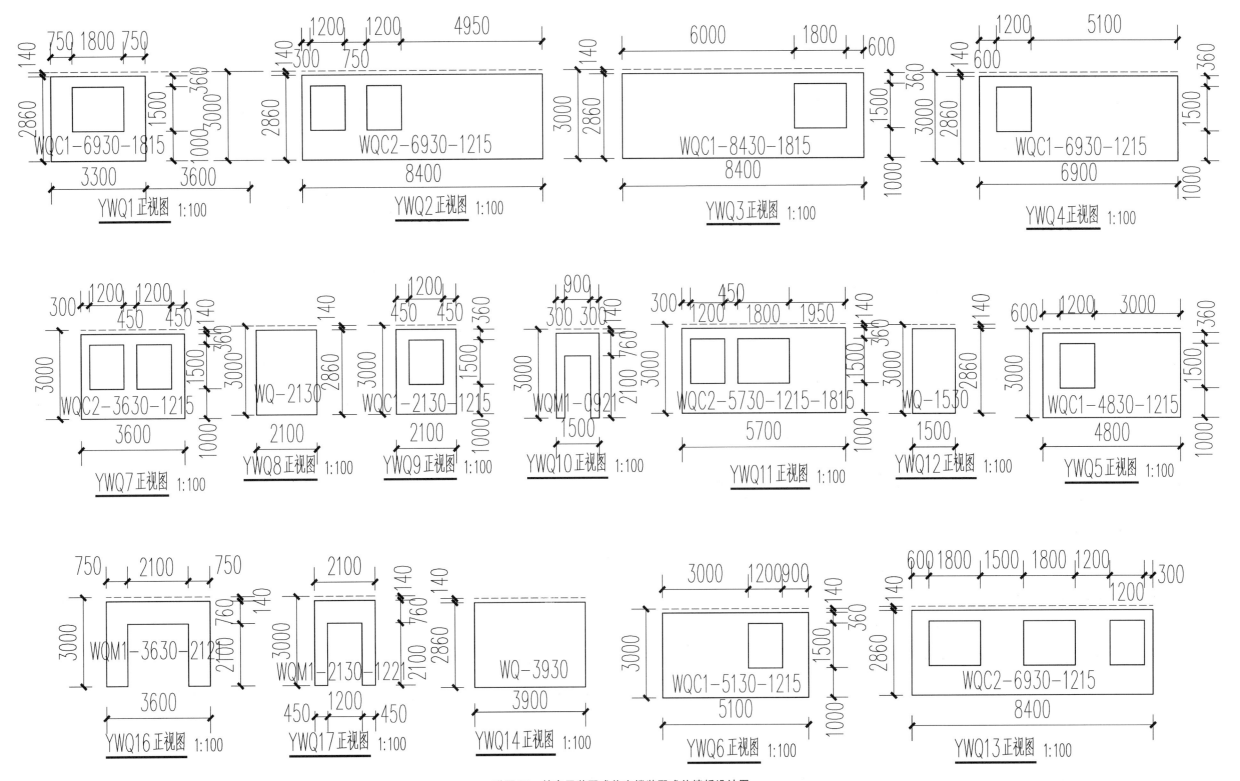

附图 37　某高层装配式住宅楼装配式外墙板设计图

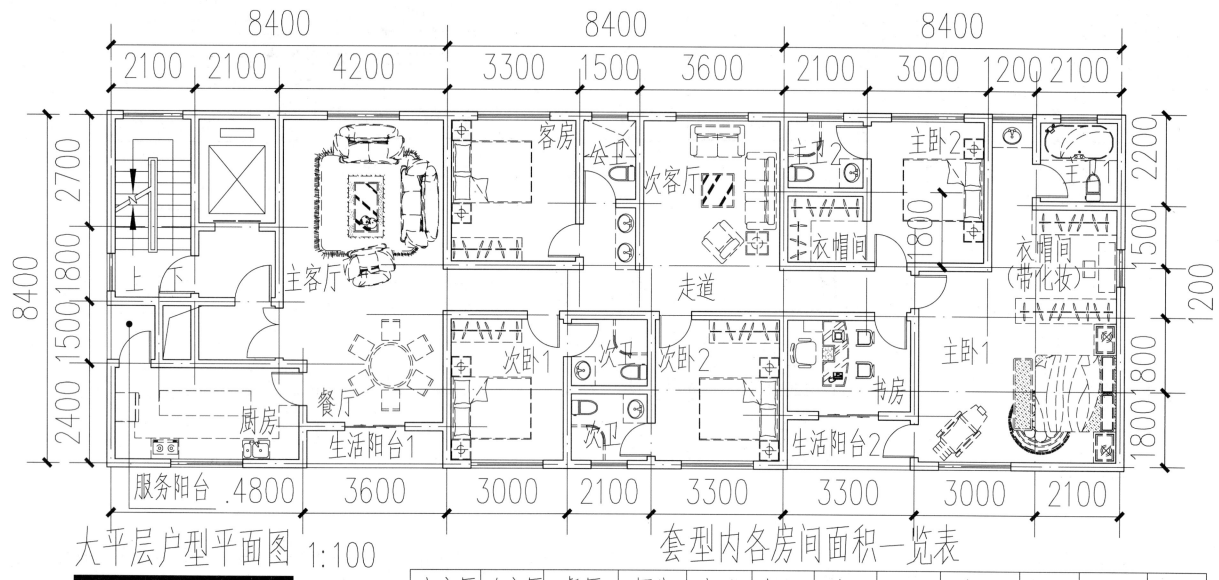

大平层户型平面图 1:100

注：1.图中厨洁具、家具只表明位置关系。
　　2.图中推拉门皆是M1521、
　　　套内平开门皆是M0821、
　　　子母门皆是ZM1121、
　　　核心筒防火门皆是FM1021乙。

套型内各房间面积一览表

主客厅	次客厅	餐厅	厨房	主卫1	主卫2	次卫	公卫	主卧1	主卧2	客房	次卧1
17.69	11.90	10.73	10.12	3.61	3.04	3.04	2.47	23.28	9.62	10.54	9.52

次卧2	服务阳台	生活阳台1	生活阳台2	衣帽间	衣帽间（带化妆）	书房	走道
10.54	0.72	1.36	1.71	3.14	6.01	6.82	13.92

注意：1.上表中数值的单位是m²。2.套型的使用面积是172.66m²。

附图38　大平层户型平面图